网络公共领域的行动逻辑及构建路径

朱　逸　著

同济大学出版社 · 上海

内容提要

本书以微博平台、B站、知乎等各类社交平台为研究场景，探究发生于虚拟空间下公共领域的存在形式、行动逻辑与实现路径。运用了数据爬虫、网络民族志、文本挖掘、统计分析等定性与定量的混合研究方法，尝试对网络公共领域的真实状况进行还原与诠释。并在回顾与总结各类经典的公共领域理论基础之上，从网络公共领域形成基础要件、行动途径、功能作用、构建取向加以阐释与分析，对于网络公共领域的未来发展与可能性路径提出了设想。作者瞄准正在崛起的虚拟公共领域，论述其对于政治、社会、商业等方面的积极意义。同时，也对发生于虚拟空间中的事件、行为进行深刻解读，为学界、企业、政府、公众更好地洞察与理解发生于网络空间中的各类行为提供了参照。

图书在版编目(CIP)数据

网络公共领域的行动逻辑及构建路径 / 朱逸著. —上海：同济大学出版社，2022.9

ISBN 978-7-5765-0355-5

Ⅰ. ①网… Ⅱ. ①朱… Ⅲ. ①互联网络—研究—中国 Ⅳ. ①TP393.4

中国版本图书馆 CIP 数据核字(2022)第 155105 号

网络公共领域的行动逻辑及构建路径

朱　逸　著

出品人　金英伟　　责任编辑　丁国生
责任校对　徐春莲　　封面设计　张　微

出版发行　同济大学出版社　　www.tongjipress.com.cn
（地址：上海市四平路 1239 号　邮编：200092　电话：021-65985622）
经　　销　全国各地新华书店、建筑书店、网络书店
排版制作　南京展望文化发展有限公司
印　　刷　江苏句容排印厂
开　　本　710 mm×1000 mm　1/16
印　　张　10
字　　数　200 000
版　　次　2022 年 9 月第 1 版
印　　次　2022 年 9 月第 1 次印刷
书　　号　ISBN 978-7-5765-0355-5

定　　价　75.00 元

前言

伴随着互联网时代的到来，当前社会正在历经一个快速发展的阶段。公众的思维方式、行为习惯，乃至社会网络与交往正在发生自身的位移与变革。在这个陌生而又显熟悉的空间中，公众的参与行为成为重要的焦点。其中是否存在着另一形式的公共领域？它有着与过往传统哪些相似与不同？其行动逻辑及构建路径如何？这一系列问题的提出，成为众多研究的关注点。

过往对于公共领域的讨论，常常借助于阿伦特、哈贝马斯的经典理论框架。公众主体的代表性、理性的批判思维、公私的边界、公共意见与舆论的形成等一系列关键性要素，成为判定公共领域理论存在与发展的要件。互联网对于传统实践场所的颠覆，使得原本的公共领域正在发生变化。本书借助微博平台基础，以复旦发展研究院传播与国家治理研究中心的《中国网络社会心态报告》为数据来源。同时，对于各类网络平台数据进行抓取与分析。在实现定量化分析的同时，采用了多网络平台的网络民族志、访谈等质性研究方式，对于量化研究进行补充与完善。在研究方法上，较过往有了进一步的创新与突破。

本书尝试从网络公共领域的构建基础要素、行动者图景、功能性作用、构建取向与路径等若干重要方面，全面阐释网络公共领域的行动逻辑及构建。发现了诸多要点：当前网络公共领域已初步形成，新会场开始崛起；在主体性方面，拥有较过往更为庞大的公众群体，其内部存在着多样性，身份结构的构成也突破了传统的束缚，更具差异性，能在较大程度上实现公众的真实表达与态度；在思维方式上，公共领域在网络空间中的实践，依然映射着传统理性批判的思维模式，只是在发生性方面，会经历一个“非理性—理性”的逐步转化过程，其主要源于网络空间自身独特的形式与特征；在公私边界方面，传统公共领域所强调的介于公共与私人的第三空间形式，在网络空间中也有着重要体现——在网络中，它的边界较现实生活中变得更为模糊，这是公私两类要素相互糅合的最终结果，其更具特殊性，彼此之间实现着相互影响与转化。诸多要点的发现还原了真实且本质性的网络公共领域特征与行动取向。

纵观网络公共领域的诸多特征，与传统公共领域有着诸多相似，也有着差异。在未来的发展与实践过程中，它将对社会治理、民主政治、信息整合、社会认同等方面产生重要的影响。网络公共领域的初期性决定了它依然存在诸多有待完善之处，对于其关键问题的发现与解决，成为未来研究的重要指向。

目录

第一章 导 论

第一节 问题的缘起

一、我国互联网的发展现状及特征

中国互联网信息中心(CNNIC)2021 年 8 月发布的《中国互联网发展统计状况报告》显示,截至 2021 年 6 月,我国网民规模达 10.11 亿,较 2020 年 12 月增长了 2 175 万,互联网的普及率为 71.6%。我国的手机网民规模达 10.07 亿,较 2020 年 12 月增长 2 092 万,网民使用手机上网的比例为 99.6%,与 2020 年 12 月基本持平。[①] 手机上网的普及,使得公众可以摆脱传统 PC 机的时空束缚,可以更为自由且实时地进行网络互动。

从年龄来看,我国 30—39 岁网民占比为 20.3%,在所有年龄段中占比最高;40—49 岁、20—29 岁网民占比分别为 18.7%和 17.4%,在所有年龄段中列第二、三位,由此可见中青年成了网络大军的主力。在上网时长方面,我国人均每周上网时长为 26.9 个小时,网络已经成为公众进行社交、生活、工作等一系列活动的主要场所,已是一类重要的实践空间。

技术进步推动着互联网的不断发展,网民数量的递增使得原

① 中国互联网信息中心:《第 48 次中国互联网发展状况统计报告》,2021 年 8 月。

本的网络空间变得喧哗起来，因而对于其原本的网络表达形式提出了新的要求。在对网民在互联网上分享与表达行为的态度调查中，表示非常愿意进行分享与表达的占 13.0%，比较愿意的占 47.0%。在 10—19 岁网民中，有 65.9%的网民比较愿意或非常愿意在网上分享。

基于网民的诸多特征，以及其分享与表达需要，博客、微博、微信、贴吧、豆瓣、天涯社区、人人网等各类社交类平台保持自身的活力，正在努力迎合着网民。互联网成为众多网民获得资讯、社会交往、意义表达的重要工具与空间，它默默改变着公众的行为，同时也在构建新的社会空间与结构，对于这类虚拟空间的观察与探寻，对于澄清网络空间现实图景与特征有着积极的意义。

二、网络的公共性诉求

卡斯特在《网络社会的崛起》中将"网络社会"概括为："作为一种历史趋势，信息时代支配性功能与过程日益以网络组织起来。网络建构了我们社会的新社会形态与公众行动，网络化逻辑的扩散改变了过往的生产、经验、权力与文化的形态和结果。虽然社会组织的网络化形式已经存在于其他时空中，新信息技术范式却为其渗透扩张遍及整个社会结构提供了物质基础。"①网络社会以一类新的社会存在形式开始着自我的发展与演变，它改变了以往对于传统社会空间的定义与理解。

当前的网络空间为公众提供了一个崭新的表达与分享场所，它正力争摆脱传统社会的形式束缚，从而转向新型的社会建构。网络公众群体的大量涌现，使得网络公民社会成为我国社会发展的新生力量，渗透于日常生活的方方面面，开始发挥着重要的作用。②

过往对于公共性的理解，常常都与政治、权力、制度等元素有着紧密联系。搁置于网络空间之内，其公共性则表现为对于自由、平等、意义表达等方面的关注，由此建构属于网民自身的公共领域。公众有着对于自我意义表达的需求，也有着对于自我公共领域的渴望，因而基于

① 卡斯特：《网络社会的崛起》，夏铸九等译，社会科学文献出版社 2016 年版，第 124 页。

② 刘学民：《网络公民社会的崛起——中国公民社会发展的新生力量》，载《政治学研究》2010 年第 4 期。

公众的愿景，对于网络公共领域的全景化诠释及构建探讨，成为本书的主旨，以此来回应社会、公众的现实需要。

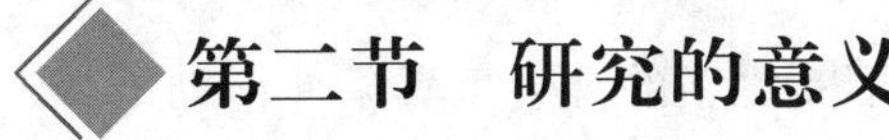

第二节　研究的意义

公共领域(Public Sphere)作为一类介于公民与政府之间的社会力量，它凭借舆论的力量维护着公平、合理与正义的原则，保障了个体参与社会与国家状态之论辩与了解，[①]因而对其的诠释与研究，有着理论与实践的双重意义。

一、理论意义

哈贝马斯对于公共领域的理论建构，一直被视为经典而被加以运用。哈氏的公共领域狭义上仅指涉资产阶级的公共领域；广义上来理解，可代表某些现象的公共领域，其发源于市场领域扩张与生产活动的私有化。[②] 这一理论的提出有其特定的时代背景与适应情境，将其放置于不同的空间、时间来看，会遇到适用性困境。结合当前时代背景下的公共领域理论新观察，将会对原本理论起到补充与完善的积极作用，从而进一步构建更为符合现状的理论内涵。

过往对于公共领域理论的观察，主要依赖于日常世界中的真实实践。但是随着互联网这一新媒介的出现与发展，公众实践的场所正在发生位移，其诸多构建元素也随之发生了改变。这一切是过往理论所未能触及的场景，公共领域理论有了新的实践空间，从而使得符合网络环境特质的公共领域理论，有着突破过往传统理论的意义。

二、实践意义

网络空间正在发生着快速的位移，网络技术的应用改变着公众沟通、交流的方式与意义，而且它的影响还在持续发酵。对于网络公共领

① 郭玉锦、王欢：《网上公共领域》，载《北京邮电大学学报(社会科学版)》2005 年第 3 期。

② 李佃来：《公共领域与生活世界——哈贝马斯市民社会理论研究》，人民出版社 2019 年版，第 231 页。

域的深度审视，有利于帮助公众更好地认识这一熟悉而陌生的场景，为其行为提供重要的参照。对于多类议题的观察，作为重要的切入口能够使人们更为全面地了解整个网络公共领域，这为公众更好地认识网络社会提供了便利途径。

人类作为一种社会性存在，在不断创新的社会工具条件帮助下，彼此之间的交互行为与存在空间发生了深刻的变化，这种变化对社会化、社会结构、社会分层、社会资本等带来了巨大影响。在网络环境中，不仅个人的思考、阅读、记忆、休闲娱乐等发生了变化，而且群体间的信任、互惠、交流、知觉也在重塑。这一系列的变化，需要凭借特定的条件与基础来加以实现。对于网络公共领域的观察与研究，有助于揭示这一变革力量的本原，以及其自身的存在形式与作用机制。

伴随各类数字商业、互联网经济的发展，社交媒体、短视频等各类新兴网络交互空间越发成为人们交往的主要场所，在此场所内公众行为有着较传统线下不同的展现。对于企业、政府、研究者而言，对于此类空间行为的探索与发现，将会对运营管理、制度规范、规律发现产生积极的作用，以帮助各类主体基于自身的需要开展日常工作。

第三节　文献综述及研究现状分析

“公共领域”的概念是由德裔美国学者汉娜·阿伦特(Hannah Arendt)在《人的条件》一书中提出的，她认为：“‘公共’一词是两个既有联系但又有所不同的现象集合。其一，任何展现于公共领域的现象都能被每个人听到或看到；其二，公共意味着世界本身，这一点对于所有人而言都是一致的，但又不同于我们在其中的私人领域。”①

1961年，哈贝马斯再次观察与表述公共领域，他认为：“政治公共领域是从文学公共领域中演变而来的，它以舆论为媒介，影响国家与社会需要。”②在哈氏看来，公共领域是介于国家与公民社会之间的、自由

① Hannah Arendt, *The Human condition* (Chicago: The University of Chicago Press), p.325.

② Jurgen Habermas, *The Structural Transformation of the Public Sphere* (Cambridge: Polity Press), pp.214.

讨论公共事务和通过话语形式参与政治活动的公共空间。[①] 有关公共领域的研究，杰弗里·亚历山大、约翰·基恩等人都有进一步阐述，使公共领域的理论日益丰富和完善。[②] 对于网络公共领域的研究，可谓是就公共领域理论而展开的一类新实践，因而许多学者都在其原本的理论基础之上进行了新的研究。

一、国外对于网络公共领域的研究

网络公共领域是凭借网络技术、以互联网为实践场景而发展起来的新形式公共领域，对它的研究是对传统公共领域理论的延展与补充。过往对于公共领域的观察，主要源于对"政治-社会"不同场景的辨析，因为公共领域的概念具有浓厚的政治性色彩。西方对于网络公共领域的研究，也主要集中于政治参与、民主政治等政治化议题。

网络被视为一种大众舆论工具被运用于西方的政治生活之中，包括了选举、民意调查、政务公开与政治沟通等，因而网络公共领域被理解为依附于网络政治的研究范畴。

首先，对于网络公共领域构建基础的探讨，有着技术决定论与社会决定论之争。根据兰登·温勒(Langdon Winner)的看法，技术决定论是指："技术发展是内生动力的唯一结果而不被其他因素所理解，塑造社会来适应技术模式。"[③]其基本理念表达了技术是自主的，它本身的变迁推动着社会的变迁，网络公共领域也是在其技术推动下所形成，技术决定着它的出现与变革。而社会决定论则认为，并非新媒体技术决定社会变迁，而是现代社会中的公众决定着媒体技术的兴衰，技术本身不具备创造的功能，网络公共领域的形成依赖于社会力量：权力、社会结构、社会资本、制度等。[④] 两类不同的理论论断，诠释了网络公共领域形成的构建基础。其对于网络公共领域的功能实现也有很大差异，

① 熊光清：《网络公共领域的兴起与话语民主的新发展》，载《中国人民大学学报》2014 年第 5 期。

② 徐敬宏、王欢：《我国网上公共领域的特点研究》，载《情报理论与实践》2019 年第 9 期。

③ Winner L, "*Do Artifacts Have Politics?*" *In Kraft, M.E., and Vig, N.J. (eds.), Technology and Politics* (UK: Duke University Press, 1997), p.35.

④ 许鑫：《刍论互联网之于公共领域的意义》，载《理论导刊》2012 年第 5 期。

技术决定论认为技术能促进社会再分配，而社会决定论则认为网络技术的功能被进一步夸大，它与之前的传统媒体并无差异。

其次，是对于网络公共领域的影响作用与行为变革。加拿大传播学家麦克卢汉在 20 世纪 60 年代出版了《理解媒介》一书，提出“媒体即讯息”“媒介是人体的延伸”等诸多概念，将人们从对技术控制的极度狂妄中唤醒过来。传统媒体的机械化、线性思维模式，限定了人们的行为方式，网络的出现将会全面改变人们的生活、思维、交流方式。[①] 美国经济政策委员会主席德沃尔特 · B · 赖斯顿在《外交事务》杂志发表了《比特，字节与外交》，他认为：“技术消除了时间与空间限制，如同微生物一样，借助于电子网络毫无障碍地扩散到世界的各个角落。”信息技术已经成为传递意识形态与社会价值的主要渠道，进行着文化扩张与政治控制。托夫勒在《创造一个新的文明：第三浪潮的政治》中提出：“第三次浪潮不仅是经济与技术的，它影响着道德、文化、观念，以及各类体制，它将对美国与许多国家产生同样的变革作用。”[②]网络公共领域的影响作用不仅在技术层面，而且渗透到日常生活的各个层面。马克 · 斯劳卡在《大冲突——赛博空间和高科技对现实的威胁》中指出：“数字革命是虚拟现实的政治核心，是与权力所相关的。”[③]C · J · 亚历山大、奈伊、埃德温 · 布莱克、曼纽尔 · 卡斯特等学者对网络公共领域的存在与影响作用均持乐观估计。卡斯特在其网络社会研究的三部曲《认同的力量》《千年的终结》《网络社会的崛起》中揭示网络社会及公共领域的变迁与运行机制，并表达了当代文明系统之逻辑，厘清了网络社会变革对于社会科学所形成的巨大影响。[④]

在突出强调网络公共领域所带来的积极影响与行为变革的方面上，同时也有不同的意见存在。作为后现代主义者的鲍德里亚，运用符号学分析了客体是如何被编码成为当代媒介社会与消费社会的符号与意

① 麦克卢汉：《理解媒介：论人的延伸》，何道宽译，商务印刷社 2019 年版，第 232 页。

② 阿尔温 · 托夫勒：《创造一个新的文明：第三次浪潮的政治》，陈峰译，上海三联书店 1996 年，第 423 页。

③ 马克 · 斯劳卡：《大冲突：赛博空间和高科技对现实的威胁》，汪明杰译，江西教育出版社 1999 年，第 244 页。

④ 曼纽尔 · 卡斯特：《认同的力量》，曹荣湘译，社会科学文献出版社 2016 年版，第 225 页。

义体系。在他看来，媒介成为符码的载体并大量聚集，人们通过媒介载体感知世界，媒介本身成为控制"符码"的场所，媒介作为信息平台的服务性与公共性功能被削弱，取而代之的是对于公众意识、价值的影响，是一种非常隐蔽的控制方式。① 网络公共领域实现了由单维度传播向双向互动的转变，但是未能摆脱既有的限制、约束、控制，它本身的影响作用依然是较为有限的，对于行为变革不比传统媒介方式更为高明。

再次，则是对于网络公共领域的意义表达与民主化探讨。彼得·达尔格伦分析网络公共领域的民主化历程，认为网络的公共性在一定程度上会破坏政治传播体系，但它从很多方面促进了公共领域的延伸与多元化。② 林肯·达格尔博格(Lincoln Daglberg)在观察了延伸公共领域的在线协商论坛后发现，网络上意义表达形式有三类：自由的个人主义、协商式、社团式。自由的个人主义重视网络对于个人自治与自由的作用，这是网络民主的主要基础。协商式则将网络视为公共领域中理性批判性话语，而社团式则增强或减弱了共有价值的可能性。③ 他认为，哈贝马斯的公共领域理论可以作为标准与基础，来对网络中的公共领域进行诠释，并通过具体的案例比较来全面展现网络空间的内话语表达形式与民主化程度。④ 但也有学者对于哈贝马斯的公共领域理论的适用性提出了批判，认为在诠释网络的表达与民主化过程中，哈氏的一元公共性理论无法解释网络这一更为复杂的结构性文本，需要构建网络语境下的公共领域新理论体系。

有诸多学者对于网络公共领域所提供的意义表达途径与民主化推动作用进行了描述。阿菲费·阿金以网络使用(以讨论为例)进行了研究，认为互联网虽然不具有乌托邦式的调节功能，也不具备无限自由的表达权利，但是它依然能够推动社会发展的深入与发展，意义表达

① 鲍德里亚：《消费社会》，刘成富、全志钢译，南京大学出版社 2014 年版，第 328 页。

② Peter Daghlgren, *The Internet Public Sphere and Political Communication. Dispersion and Deliberation*, Political Communication, No22 (2005) 22: 147 - 162.

③ Lincoln Daglberg, "*The internet and democratic discourse: Exploring the prospects of online deliberative forums extending the public sphere*." Information, Communication and Socirty, No4 (2019): 615.

④ Lincoln Daglberg, *Net-Public Sphere Research: Beyond the First Phase*. The Public, No.1 (2004): 36.

与民主依然能够奏效。[①] 学者克里·吉布森(Kerri Gibson)、苏珊·奥唐奈(Susan O'Donnell)与玛丽·米利肯(Mary Milliken)等人通过对于 YouTube 的内容和使用者的评论,测试了在线视频使用者生成技术(User-generated Online Video,简称"UGOV"),对于网络公共领域的意义表达自由进行观察,结果显示在边缘政治学的身份认同与公共关注的事务之间有着重要关系,UGOV 有效地促进了公众的表达与民主自由。威斯康辛大学传播艺术系主任迈克尔齐·诺斯(Michael Xenos)通过政治博客和报纸媒体对美国最高法院的信息进行比较分析,发现博客造成媒介协商程序的复杂化,网络中的表达变得丰富而繁杂,因而需要对于网络的公共领域进行未来的发展考虑。[②] 他对于网络公共领域中的意义表达与民主化的研究,基于网络政治框架,并且结合了许多实证性的观察与研究,从具体的场景凝结了对于现象的思考与总结。

国外对于网络公共领域的研究有着丰富的积累,由理论建构与实证观察共同筑建起对于公共领域新实践的总结。但是其观察视角始终围绕着政治主题,未能深度涉及公众在网络空间的生活场景,其理论的解释力较为狭隘。同时,对于网络公共领域的研究,主要强调它的影响、功能、表达、民主等方面,对于其形成条件与基础的讨论不多,但正是这方面的研究,将对网络公共领域的构建与形塑起到至关重要的作用。

二、国内对于网络公共领域的研究

笔者对 CNKI 数据库文献进行搜索。初期仅选择"网络公共领域"为关键词进行主题检索,但是结果不甚理想。之后采取了多次调整与尝试,确立了最终的检索方式:利用"高级检索"方式,将关键词"网络"设定在"主题"字段中,并含"公共领域"关键词,模式为"精确"查询,"时间段"选择为"2010 年—2021 年"。由此得到搜索结果为:学术期刊论文 742 篇、会议论文 21 篇、硕士/博士学位论文 206 篇(硕士 195 篇、博

① Afife Akin, *Social Movement on the Internet: The Effect and Use of Cyberactivism in Turkish Amercian Reconciliation*, Canadian Social Science, No2 (2020): 39.

② Michael Xenos, *New Mediated Deliberation: Blog and Press*, Journal of Computer-Mediated Communication, NoI3 (2018): 485 - 503.

士 11 篇)，三类论文合计 969 篇。由于初检索可能出现一定的偏差，进而对于检索结果的论文题名、关键字、摘要等进行再次的人工查阅与筛选，最终得出网络公共领域的研究文献。其统计结果为：学术期刊论文 374 篇、会议论文 3 篇、硕士/博士学位论文 132(硕士 128 篇、博士 4 篇)，合计 509 篇。这些最终筛选得出的文献，成为本书重要的分析对象，同时借助 CiteSpaceⅡ进行可视化展现。

首先，看发文数量。21 世纪初始，互联网及信息技术渐渐延伸至公众日常生活之中，互联网为公共领域提供了一个新的实践场景，虽然仅是端倪，也足以引起公众与各界的关注。[①] 初期的网络公共领域研究，其研究文献数量比较少，还未被视为重要的研究主题，在 2000—2010 年平均维持在 3—4 篇/年。而从 2010 年开始，每年的发表量突破了两位数，之后一直保持着快速增长。这一演变趋势与互联网的发展有着高度的同步性。随着网络环境与空间的成熟，其公共领域也逐渐被更多的研究者所关注，进而激发了对于该主题的研究热情，成为重要的研究主题。

其次，热点议题的分析。将CNKI数据库下载的数据转化为UTF-8格式，并导入 CiteSpaceⅡ，绘制关键词共现知识图谱，如图 1-1 所示。图谱中每一个节点代表一个关键词，节点与字体的大小代表着其出现了频次，节点之间的连线则表示着关键词之间的共现关系，条线的稀密程度，反映着关键字间的联系程度。

在所有关键字中，出现频次前十位的分别为：公共领域(frequency 225，Central Rate 0.66)、网络公共领域(frequency 177，Central Rate 0.54)、网络(frequency 154，Central Rate 0.49)、哈贝马斯(frequency 139，Central Rate 0.4)、微博(frequency 126，Central Rate 0.36)、私人领域(frequency 115，Central Rate 0.32)、网络论坛(frequency 109，Central Rate 0.29)、网络舆论(frequency 102，Central Rate 0.26)、公众舆论(frequency 95，Central Rate 0.21)、公共性(frequency 89，Central Rate 0.16)、公民意识(frequency 80，Central Rate 0.12)。

① 胡泳：《众声喧哗：网络时代的个人表达与公共讨论》，广西师范大学出版社 2008 年版，第 14-20 页。

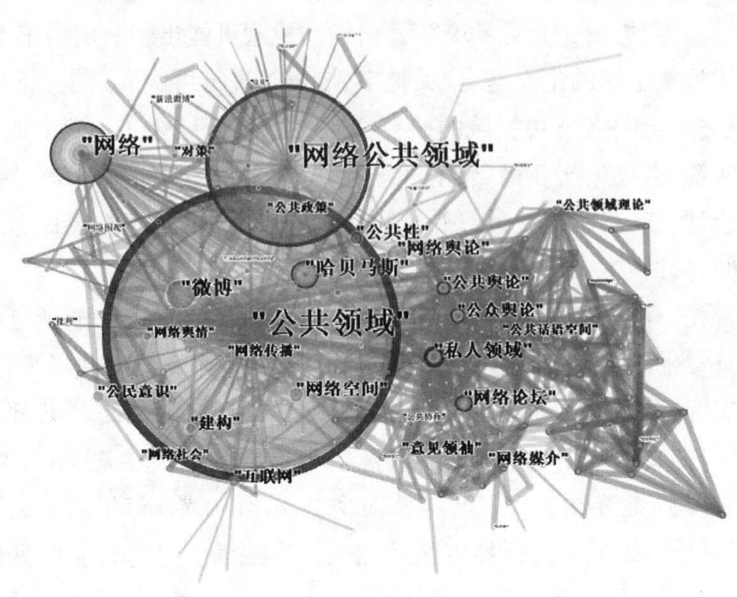

图 1-1　研究热点的图谱分析

通过对前十位的关键字分析，发现一些重要的研究热点。

其一，基于具体虚拟活动空间的实证研究。网络论坛、微博等这类场所，是公众在网络上实现交互行为的重要聚合点，许多实证性研究都基于这些虚拟的空间。如《浅析微博与公共领域之间的关系——以“微博打拐”为例分析》[①]《微博语境下的中国网络公共领域探析》[②]等。此类研究常采用的方法有文本分析、非结构化数据的抓取与分析等，不同于以往仅专注宏大叙事的理论推演，突出了具体的场景性。

其二，基于舆论为主题的传播效应研究。网络舆论、公共舆论成为重要的研究热点，传播学、舆论学所关注的传播效应与舆论影响在网络公共领域研究中也有所体现。诸多研究透过网络舆情来实现对于公共领域的研究，以增强研究的动态性，如《网络舆论下的公共领域前景透析——以“李刚门”事件为个案研究》[③]《微博传播与网络公共领

---

① 刘彦伯：《浅析微博与公共领域之间的关系——以“微博打拐”为例分析》，载《新闻传播》2011 年第 3 期。

② 蔡斯敏：《微博语境下的中国网络公共领域探析》，载《天津行政学院学报》2014 年第 6 期。

③ 张倩倩：《网络舆论下的公共领域前景透析——以“李刚门”事件为个案研究》，载《新闻世界》2011 年第 1 期。

域建构——以“随手拍照解救乞讨儿童”为例》[①]《究竟是“网络群体性事件”还是“网络公共事件”抑或其他？关于“网络舆论聚集”研究的再思考》[②]等。同时，也存在一些专注于理论推演的研究，如《网络公共领域中的网络舆论与网络公众舆论》等。[③]

其三，对于意识观念的关注。公共领域的研究常被归入政治学、公共管理学的研究范畴，不可避免地会谈及民主化、意识形态、公共性等话题。在网络公共领域的研究中，依然掺杂着对于过往的尊重，公民意识、公共性等关键字出现频率依然较高，这是传统研究主题与内容在新实践场所内的延伸与发展，相关文献例如《论虚拟公共领域对公民政治意识与政治心理的影响及其对政治生活的形塑》[④]《对网络公共领域危机的思考——从“艳照”事件看网络公共领域公共性的缺失》[⑤]等，都有较好的表述。

其四，学科分布分析。图 1-2 呈现的是网络公共领域研究的学科分类情况，结合发表数量、总体占比两个维度分析，排名第一位的是传播学，占总体发文数的 34%，共 174 篇；第二位为政治学，总体占比 22%，共 114 篇；第三位则是社会学，总体占比 17%，共 87 篇。以往的公共领域研究以政治学、公共管理学、社会学等学科为主，而网络公共领域研究则在学科依赖上发生了转变，这是对于传统研究范式的再度审视，更是突破。

最后，则是研究者及其合作网络。依照文献作者为关键字绘制图谱，如图 1-3 所示，作者姓名的字体大小由其发表文献的数量决定，文献发表数量越多则其字体越大，节点之间的连接线则表明了作者之间的合作情况，连线越多，则表明其合作网络越广。

---

① 韩峰、高红超：《微博传播与网络公共领域建构——以“随手拍照解救乞讨儿童”为例》，载《新闻世界》2012 年第 4 期。

② 董天策、梁辰曦：《究竟是“网络群体性事件”还是“网络公共事件”抑或其他？——关于“网络舆论聚集”研究的再思考》，载《新闻与传播研究》2020 年第 1 期。

③ 郭玉锦：《网络公共领域中的网络舆论与网络公众舆论》，载《北京邮电大学学报（社会科学版）》2010 年第 6 期。

④ 杨嵘均：《论虚拟公共领域对公民政治意识与政治心理的影响及其对政治生活的形塑》，载《政治学研究》2011 年第 4 期。

⑤ 张小丽：《对网络公共领域危机的思考——从“艳照”事件看网络公共领域公共性的缺失》，载《理论界》2012 年第 4 期。

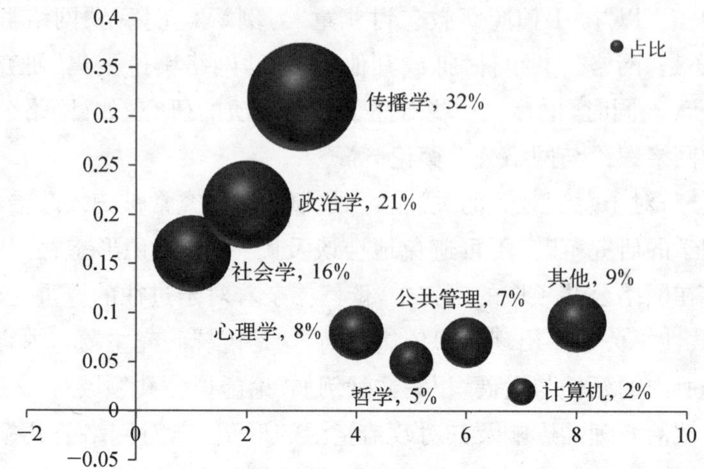

图 1－2　学科分类图谱

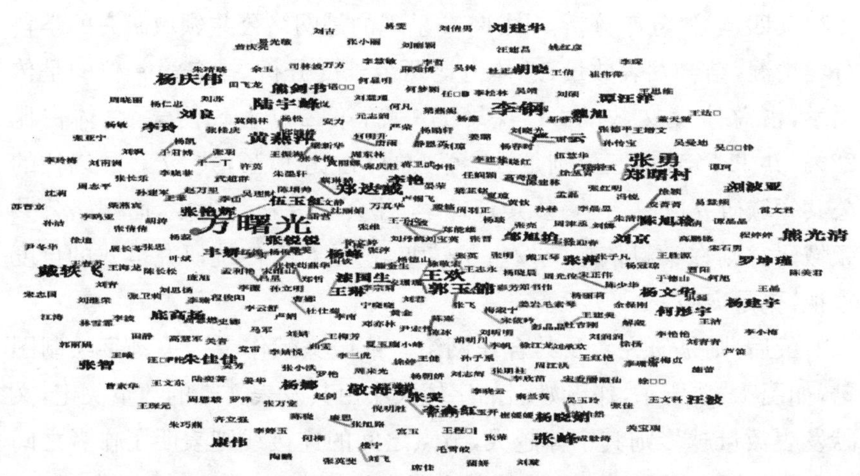

图 1－3　重要研究者及其合作网络图谱

从研究者本身来看，方曙光、李刚、郑曙村、戴轶飞、敬海新、郑达威、王欢、黄燕萍、陆宇峰、杨庆伟、张峰、张勇、郭玉锦、熊光清等都有较多的研究积累。再观作者间的合作网络，仅在相关领域内实现小范围的合作，研究成果有限。由此可见，有关网络公共领域的研究，主要基于研究者的个人旨趣，独立研究者居多，目前还尚未形成成熟且具有体系化的合作网络，学科与擅长领域的限制成为合作网络难以延展的关键。

国内学者对于网络公共领域的研究，集中在最近十多年中。主要关注的主题有以下几个方面。

第一，有关网络公共领域构建基础的探讨。国外学者对于网络公共领域的构建基础，有着技术决定论与社会决定论的争议。而在国内，学者对公共领域的关注则转向对存在与否的讨论。持否定意见的学者认为，网络公共领域的形成需要相应的政治传统和政治观念，我国目前还不具备这样的政治环境来加以保障与实施。罗利华指出，网络环境容易忽略“公共利益”，多元意识影响着“共识”的形成，因而当前还不具备构建的条件与基础。

与此相反，持肯定态度的学者则有不同的表述。杨仁忠在其专著《公共领域论》中讨论了网络媒介构建一个自由讨论网络空间的可能性，认为当前网络媒介所提供的参与机制、传播方式、主体特质等，意味着网络社会的到来，也意味着公共领域的真正勃兴。[1] 姚红彦与彭晶晶均认为，网络媒体发展为公共领域的开拓提供了契机，前者提出网络使得公众表达意见的机会与空间被空前放大，后者运用哈贝马斯的公共领域理论对于网络空间进行检验[2]，发现网络媒介就是一个公共领域空间。[3] 从网络舆论影响政府行为来看，许多具体网络事件形成了一股股巨大的公共力量，对于政府的行为与态度产生着很大影响，这在客观上促进了公众参与，也使得公共领域得以形成。[4] 唐大勇通过对网络论坛、微博、博客的实证研究发现：“虚拟社群的互动与讨论使得虚拟社区形成了一个公共讨论的领域，这种虚拟领域的存在是对于传统公共领域的延伸。”[5]内生于网络内部的公共领域有其自身的类属，是继古希腊“城邦型”、欧洲中世纪“代表型”和近代西欧“市民型”之后的第四类型。[6] 由互联网所构建的社会网络空间，即网络公共领域，为人类提供了一个全新的实践空间。网络已经开始渐渐改变传统公共领域

---

① 杨仁忠：《公共领域论》，人民出版社 2019 年版，第 279 - 285 页。

② 姚红彦：《网络论坛的勃兴——公共领域的新契机》，载《大众文艺》2010 年第 2 期。

③ 彭晶晶：《网络传媒——公共领域再次转型的契机》，载《安康师专学报》2015 年第 2 期。

④ 王欢、郭玉锦：《网络公共领域的功能与局限性》，载《理论前沿》2019 年第 20 期。

⑤ 唐大勇、施喆：《虚拟社群抑或公共领域——以强国论坛“撞机事件”的讨论为例》，北京广播学院出版社 2001 年版，第 274 页。

⑥ 刘京、陈旭玲：《网络技术与公共领域的衍生问题》，载《江汉论坛》2003 年第 11 期。

的外貌，开创了公共领域在网络空间中实践的可能。[①]

第二，网络公共领域的形式特质、功能、意义表达。传统公共领域有其自身的存在形式与要素，包括私人组成的公众、自由的交流、形成公众舆论。[②] 在网络环境下这种特质得到了延续，只是在形式上发生了一定的改变，这主要基于网络自身的特点——表现为匿名性、平等性、自主性、参与性、去中心化、虚拟性、无限延展性等。[③] 这些要素使得网络公共领域在延续传统的同时，也在努力实现着自身的变革。徐玉芳认为，网络以情感传播方式来寻求理性与公正，这一点从根本上颠覆了哈氏的公私领域概念。[④] 苟燕华、郑哲认为，与哈氏所提的"公共领域"概念不同，网络公共领域虽然有着很强的对话性特质，但是已经在一定程度上摆脱了时空限制，这与哈氏理论所基于的现实基础发生了位移，使得理论能在更广的领域内得以适用。[⑤] 对于网络中公共领域的新存在形式，戚攻称其为"社会现实的延伸"，[⑥]而童星则表述为"全新的社会存在方式"。[⑦]

就网络公共领域的功能与作用而言，主要还是体现在民主政治领域。张雷认为，网络公众可以在这一空间内自由地表达自己意见，起到对于社会、政治行为的监督作用。[⑧] 严一云与刘晓光从政府治理视角提出了公共领域三大功能，即协调国家与社会、维护社会秩序、民主协商新方式。[⑨] 有学者从社会运动角度分析了网络公共领域的积极与消极作用、[⑩]行动者之间的关系以及时空逻辑。[⑪]

---

① 刘丹鹤：《网络空间与公共领域实践》，载《北京理工大学学报(社会科学版)》2007 年第 4 期

② 哈贝马斯：《公共领域的结构转型》，曹卫东译，学林出版社 1999 年，第 232 页。

③ 黄少华：《网络社会学的基本议题》，浙江大学出版社 2013 年版，第 321 页。

④ 石成城：《数字技术对公共领域和个人领域定义的影响》，载《青年记者》2017 年第 15 期。

⑤ 苟燕华、郑哲：《从"卖身赎母"事件看网络公共领域的兴起》，载《东南传播》2007 年第 3 期。

⑥ 戚攻：《"虚拟社会"与社会学》，载《社会》2001 年第 2 期。

⑦ 童星：《网络与社会交往》，贵州人民出版社 2002 年版，第 15 页。

⑧ 申建林、邱雨：《重构还是解构——关于网络空间公共领域命运的争议》，载《武汉大学学报(哲学社会科学版)》，2020 年第 5 期。

⑨ 杨嵘均、吴悠：《论网络虚拟公共领域去意识形态化的风险及其调适》，载《毛泽东邓小平理论研究》，2020 年第 5 期。

⑩ 邱雨、申建林：《公共领域的异化及其在网络空间中的回归》，载《湖北社会科学》2017 年第 11 期。

⑪ 苏涛：《缺席的在场：网络社会运动的时空逻辑》，载《当代传播》2013 年第 1 期。

在网络中的意义表达，有着广泛性、匿名性、自主性、公共性等特点。[①②] 胡泳在《众声喧哗——网络时代的个人表达与公共讨论》中，探讨网络空间中公私边界的区隔，诠释了公众意义表达伴随着场景的切换而发生了变化。[③] 陈红梅从表达的渠道、方式以及主题等方面，阐述了网络空间中的意义表达，并非取决于个人因素，而是嵌套于集体行动之中。[④]

从国内对于互联网的研究来看，未能完全摆脱国外研究的政治色彩主线，还是以哈贝马斯的一元公共理论作为研究基础。我国研究较西方不同之处在于，对网络公共领域的构建条件、基础、功能、意义表达等进行了细致观察，较西方聚焦于宏观层面探讨下沉了一个层面，更贴近日常生活的实际。但这些研究仅是采用了描述研究或臆想构建，未能涉及与揭示更为细节与具体的方面，这有待于未来研究的细化与深入。

三、国内外研究评述

综合国内外有关网络公共领域的研究，主要有着以下几方面特征。

第一，聚焦于民主政治框架下的工具性探讨。对于网络公共领域的研究，有着浓重的政治化意味，诸研究未将公共领域脱离政治社会而独立讨论，更多是将其视为日常政治生活的新实践，公共领域的本质未发生实质性变革，只是转化了形式而已，其依然是保障政治得以实现的重要工具。许多研究都从网络政治角度出发，讨论其工具性特征，因而研究未能跳出政治化的范畴。

第二，对于网络公共领域存在与否存有争议，但是多数倾向于积极态度。对于网络公共领域的观察，不同学者运用了不同公共领域理论来加以验证，因而得出了迥异的结果。对于网络公共领域是否真实存在有着不同的意见，但是对于网络空间的新转向，以及其对于社会发

① 张殿元：《技术·权力·结构：网络新媒体时代公共领域的嬗变》，载《中国地质大学学报(社会科学版)》2017 年第 6 期。

② 王志永、张英：《网络公共领域的话语权及其归属分析》，载《东南传播》2010 年第 1 期。

③ 胡泳：《众声喧哗——网络时代的个人表达与公共讨论》，广西师范大学出版社 2013 年版，第 3 页。

④ 陈红梅：《互联网上的公众表达》，复旦大学出版社 2014 年版，第 64 - 82 页。

展、行为变革所带来的意义，普遍表现出积极的态度。同时，对于网络公共领域所呈现的新特征、新功能也有着诸多的表述。

第三，以理论构建为主，缺乏实证性支持。纵观各类文献，多以理论构建为主，仅仅对现象进行了描述性研究，研究多停留于事物表面，未能深入剖析。加之对于网络研究方法的缺乏，实证化研究不多，因而难以对理论形成足够的支撑性作用。对于实证研究的增强，将对更好地进行理论建构与事实呈现产生积极的作用。

第四，对于网络公共领域有着丰富的主题讨论，但是对于构建主题的讨论不多。对于网络公共领域的研究，不同学者从诸多视角与主题进行了阐述，显得较为丰富但略显凌乱。在这些讨论中，对于涉及公共领域具体操作层面的研究还是有所不足，缺乏对于构建网络公共领域系统本身的研究。厘清构建条件、基础、功能、机制等多方面的问题，将对网络公共领域的未来实践，产生重要的指引性作用。

第四节　研究方法与基本框架

一、研究对象

本书所探讨的公共领域是以网络空间为基础的，在此选择特定的网络社交平台作为主要观察点。在对各类社交平台进行评估之后，最终选择以新浪微博为研究场景。其中有着三方面考虑：一、微博本身具有开放性特征，使得网络公众可以自由地加入与退出，而不受到各类制度或技术约束。二、其有着庞大的网络公众资源：据《微博 2020 用户发展报告》显示，微博 2020 年 9 月用户为 5.11 亿，日活用户达到了 2.24 亿，[①]这为公共空间的形成提供了公众资源。三、其丰富的信息资源：在新浪微博上有着丰富的议题与内容，这有助于研究的进一步开展。

本书所用数据源于复旦发展研究院传播与国家治理研究中心的

① 微博数据中心：《2020 年微博用户发展报告》，http://www.199it.com/archives/1217783.html.2021 年 3 月 19 日。

《中国网络社会心态报告(2018)》《中国网络心态报告(2014)》《中国网络心态报告(2020)》(文中简写为《网络心态报告》)。其中2014年版数据样本覆盖1 800名用户。2018年版数据,则依托新浪微博2013—2018六年间按年度随机抽取的共计2.75亿条微博博文,使用大数据文本分析和博文质性解读的混合方法,对总计155个指标展开了支持向量级的监督学习分析,涵盖社会议题(如反腐、精准扶贫、污染防治、二胎、教育、医疗、中美贸易摩擦等)、社会情绪(如安全感、公平感、幸福感、发展效能感等)、群体认同(如公务员、明星、医生、警察、教授、工人、农民等)、社会思潮(如改革开放、市场经济、依法治国、民族主义、民粹主义等);基于多元职业、多元收入、多元群体,将群体分为四大类,包括知识专业技术人员(如大学教授、律师、医生、记者、IT工程师等)、商界精英与高资产人士(如私营企业主、企业CEO等)、党政军体制内工作者(如公务员、军人等)和社会底层群体(如农民工、普通工人等);对于每类用户所发布的微博文章,就社会议题、社会情绪、群体认同与网络行动与思潮四个部分进行不同社会群体、不同年龄、不同地域、不同学历等方面的比较研究。2020年版数据报告依托百度搜索数据、新浪微博6 250万条随机博文数据,以2019年第四季度数据作为常态参照系,对比了2019年10月至12月、2020年1月至3月、4月至6月、7月至12月四个时间段,网民对不同概念、议题的关注度与态度演进趋势,历时性地挖掘新冠肺炎疫情发展不同阶段的中国网络社会心态特征。

二、研究方法

本书立足于现有的研究基础,尝试新的研究视角与方法,努力在理论、方法上有所突破。在此以定性与定量相结合的方式,对于网络空间内的公共场景进行观察与研究,实现两者之间的互为补充。其主要的研究方法包括以下几类。

内容分析方法。悬置过往的经验,在无预设的情况下,对于所抓取的文本进行解读。并使用背靠背的方法,采用多人编码方式,对于文本中的各类维度、变量进行聚焦,并进行量化赋值,以便于后续的量化分析。

访谈法。从年龄、性别、职业三个维度划分，选择具有代表性的群体进行访谈，以实现对于无法通过定量化研究取得的内容的补充。

网络民族志。采用线上的田野式观察，明确所需要研究的主题，选择微博为主要的观察平台，同时还介入其他各类不同的社交媒体平台，类似知乎、豆瓣、B站等，以参与者的身份沉浸社区之中进行各类资料、信息的搜集，并对于对话、行为进行诠释，以更好地理解发生于网络公共空间中的各类言辞与行为。

文献法。通过文献资料的查询，了解相关的研究基础，为研究提供详实而丰富的文献资料，以便研究的突破与创新。

统计分析。基于文本资料的结构化转化，形成量化的数据基础，在此基础上进行回归、频数等统计分析方法运用，旨在发现数据背后的深层次规律。

三、资料收集方法

定量研究与定性研究有着不同的数据资料收集方法，本书的定量研究主要借助文本分析的量化统计，定性研究则有赖于访谈、文本、文献等方法，以实现对于各类数据的收集。

其一，内容分析的数据收集方案。首先，通过对于文本的初步阅读，设定相关的主题性变量，并依照变量对于文本进行再次阅读与编码。

- 个人基本信息（职业、年龄、性别、教育程度等）
- 意义表达的方式（转发、点赞、评论等）
- 网络表达的初衷与具体行动
- 各类群体的划分

其次，在设定了测量指标之后，对于文本进行分析，将文本内容进行编码转化，从而形成量化数据，以便于后期的定量化分析。

最后，则是对前期的数据进行清洗、整理，运用相关的统计软件进行最终的统计分析。

其二，对于网络社交平台的网络民族志。对于社会平台的沉浸式观察，考虑到不同平台的特征，故而需要选择不同类型的社交平台作为观察场景，在此本文选择了微博、豆瓣、知乎、B站等。为此本人在各类平台上注册账号，并加入不同的社群进行互动观察。主要的观察点如下。

- 不同平台上各类议题的表达
- 不同平台的传播方式与效应
- 不同平台的互动行为特征
- 不同平台的公共域特质（主体、思维、态度等）

通过观察，可以真切体验网络公共领域的本原。同时，通过不同社交平台的观察，可以发现不同网络空间的共性与差异。融入更多的平台进行观察，可对研究加以补充与完善，以确保研究结果更具普遍性意义。

其三，访谈调查的运用。采用访谈调查，旨在：首先，对于研究问题能有一个更为全面的了解，形成一个较为全面的研究框架；其次，部分现象与表现，无法简单地通过定量研究进行分析，通过访谈可加以发现。

四、研究的基本框架

对于网络公共领域的研究，主要从构建基础、生成条件、运行机制和功能效应 4 个方面进行分析（见图 1－4）。

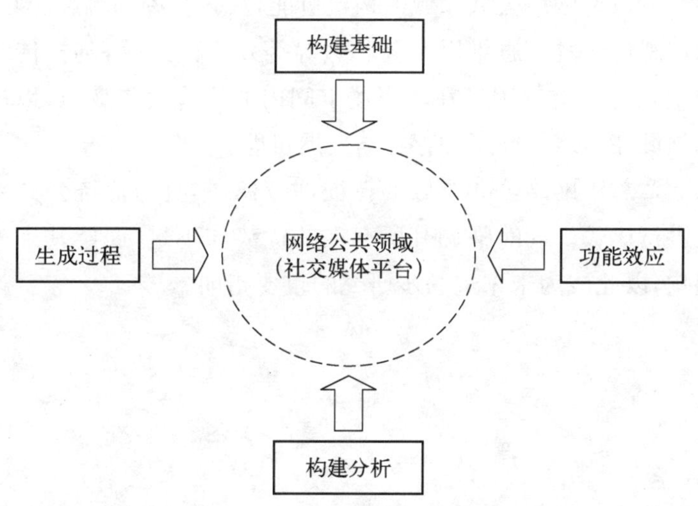

图 1－4　本书的研究框架

第一章讨论研究的缘起、理论与现实意义，对于研究现状进行综述，阐述研究方法和基本框架。

第二章对于公共领域的理论进行溯源，对公共领域的研究成果进行综述，主要包括阿伦特的古典公共领域理论、欧洲中世纪的代表型公共领域理论、哈贝马斯的资产阶级公共领域理论等。旨在通过不同历史时期、不同学者对于公共领域的论断，实现对于经典理论的深刻理解与把握，并试图在实际研究中进行检验、修正与补充。

第三章讨论网络公共领域的构建基础，涵盖了崛起的网络文化、复杂的网络社会、网络政治的图景、网络边界的延伸，以阐述网络公共领域得以构建的基础性条件。

第四章讨论网络公共领域的结构与过程，尝试诠释公共领域形成的过程，以及结构状况。包括网络主体的特质、信息的传递路径、话语的构建过程、理性与非理性之辨、二重性结构的形塑。通过实证研究搜集相应的数据，解释说明网上公共领域形成的全过程。

第五章讨论网络公共领域的功能效应，包括对于网络增权赋能功能的再度审视、话语表达的双重理性实现（工具理性、表达理性）、网络公共权威的重构、由个体“自有”向公众“共享”的转向、政治与社会功能实现、社会认同的建构，以及商业价值的实现等。

第六章讨论网络公共领域的构建可能，从新会场的崛起、网络公众的肖像、“感性-理性”思维以及公私边界等几方面入手，剖析传统公共领域理论中的关键性因素在新市场空间内的适应性与变革，以论述当代公共领域在网络媒介下的存在与发展可能。

第七章总结网络公共领域的特征，并对其本身与传统公共领域诸多要素进行比较。同时强调其所存在的优势与不足，展望其未来的发展与影响，以此成为未来进一步研究的重要指向。

第二章

公共领域的理论溯源

第一节 公共领域的历史脉络与演变发展

“公共领域”是典型的西方化概念，中文是从“Public Sphere”翻译而来的，“公共性”是其核心表述。公共领域一词与“政治制度”(Politeia)、“政治”(Politics)等概念同源，泛指由公民构成的公共政治空间。在这个空间内部，个体的位置比较特殊，既属“私”，又属“公”，公私之间并非是区隔的，而是呈现高度统一，大公并非无私，而是有私。①

“公共领域”一词源于古希腊时期，当时城邦是公共领域的主要形式，其中的场景是公众的文化、社会、经济交往。进入中世纪，公共领域的内涵与外延发生了转向，演变成为由贵族、皇权、领主所组织起来的代表型公共领域。到了近代社会，公共领域又再次实现了自身的结构转型。

一、古希腊时期的公共领域

(一) 公共领域的古典形态

古希腊社会的公共地理空间构成了公共领域的实体性形态，城邦制度及公共行动构成了古典公共领域的社会性形态，以宪政

① 曹卫东：《权力的他者》，上海教育出版社2004年版，第44页。

理性为基础的城邦公共精神是公共领域的观念性形态，这些要素的组合构成了公共领域的古典传统。在古希腊，“城邦”本身是由“国家”“公民集体”“城市”三层含义构成的，它是以公众为主体、城市为中心、国家为本质的共同体。它既是生活、生产、活动的场所，也是政治、经济和科学文化的中心。私人生活不属于“公众”的生活，公民在城邦的生活是公共化的。[①] 在此可以将城邦生活视为公共生活，城邦地域则是公共领域，是社会、政治、文化、经济的中心。

城邦是公共领域的古典形态主要表现于，首先城邦是一个由“公”而不是由“私”所组成的共同体，城邦是一个公民群体。[②] 公众是城邦的主人，他们拥有祭祀、参政、管理、言论的自由与权利，拥有平等的主体性。如若缺乏这类人的存在，城邦（公共领域）也会随之消失。其次，公共物理空间是公民参与城邦生活的现实场所。市政广场、会场、法庭、公共食堂、议事大厅、宗教场所、文化体育场所等都是公共领域构成的物理要素，其作为开放性的公共空间为公众参与各项公众事务提供了便利。在这些设施内所开展的各类活动成为公众公共生活的全部内容，它们不仅是表彰公民身份的象征，同时也是城邦（公共领域）的象征。[③] 再者，城邦（公共领域）生活是一个彻底抛弃“私人”生活的政治生活。在整个城邦范围内，每一个个体都是属于城邦的，形成了家庭式的城邦，从而淡化了你、我、他的区分，也就淡化了“私”的概念。在个人与城邦（公共领域）的关系上，公众将城邦视为一个有机整体，个体在其中没有个人价值，他们的精神、家庭、婚姻、财产都受城邦（公共领域）的限制与约束。亚里士多德指出：“我们不应假想任何公众可私有其本身，我们认为任何公众都因是为城邦所共同的。”[④]在这一公共领域内大批公众放弃私人的领域，而投入繁多的公共事务之中。雅典执政官伯里克利说，“一个雅典公民是不会因为照顾自己的事务而忽视国家的。”这一切表现了公众的公共生活特征，且表现出浓郁的政治化意味。

① 王凌、肖婕芳：《网络公共领域话语建构的道德困境与对策》，载《宁夏社会科学》2017 年第 5 期。

② 亚里士多德：《政治学》，吴寿彭译，商务印书馆 1965 年版，第 113 页。

③ 杨仁忠：《公共领域理论与和谐社会构建》，社会科学文献出版社 2013 年版，第 21 页。

④ 萨拜因：《政治学说史》（上册），盛葵阳等译，商务印书馆 1986 年版，第 34 页。

公共生活与政治生活之间有着相似性，其实就是泛指其政治活动，并不存在一个独立于政治体制之外的公共领域。[①] 因此，城邦（公共领域）在很大程度上被视为政治领域来加以理解。

（二）公共领域活动的公开、言语化形式

在城邦领域内，公众之间的任何事务不付诸暴力来解决，而依赖于公开、开放的言语，话语论谈成为公共领域的特征。首先，公共领域本身是由话语组成的，由位于同一地点的口语对话交流而产生各自的意义与观点。[②] 城邦之中的政策大多是由公民们在公共空间中集体协商所得的，公共空间也就成为政治论坛，在这一论坛上，言语者面对公众（听众）如同面对法官，因为城邦的各项决策都是由听众表决，在论辩双方提出的论点之间作出选择的。[③] 在话语背后体现的是公共领域所追求的民主、平等、自由的公共理性。[④] 其次，言语讨论与对话是城邦（公共领域）基本的生活与政治方式。阿伦特指出："要想从事政治并生存在城邦中，就意味着所有事情必须通过言辞与劝说而不是通过暴力与强制来决定。"在这种生活方式中，说话且只有说话才具有意义，所有公众关注的中心就是彼此之间的话语交流。再次，城邦（公共领域）的对话对谈生活是一种完全开放的公共性生活。参与决策、祭祀、体育活动等精神生活，都是公开开放的。韦尔南指出："社会生活中最重要的活动都是被赋予完全的公开性。"[⑤]人与人处于最大限度的开放之中，相互之间彼此熟悉与了解，他人的在场保障了公众自己的现实性，使得一个人最大程度地表现自己的个性和实现自己的最高本质。[⑥]

（三）宪政理性引领下的城邦（公共领域）观念

希腊城邦社会拥有政治经济文化平等，造就了天赋平等价值观。在这一时期，等级观念得到淡化、血缘关系有所铲除、人人平权的意义得以强化，无论贫贱都获得了平等参与城邦（公共领域）的权利。公众

① 王新生：《市民社会论》，广西人民出版社2003年版，第251页。
② 纽博尔德：《媒介研究的进路：经典文献读本》，汪凯、刘晓红译，新华出版社2004年版，第316页。
③ 董小燕：《西方文明：精神与制度的变迁》，学林出版社2013年版，第24页。
④ 米诺格：《当代学术入门：政治学》，龚人译，辽宁教育出版社1998年版，第10页。
⑤ 韦尔南：《希腊思想的起源》，秦海鹰译，生活·读书·新知三联书店1996年版，第38－39页。
⑥ 汪晖、陈燕谷：《文化与公共性》，生活·读书·新知三联书店2005年版，第81－82页。

不再需要通过代议制来行使对于城邦的治理与参与，而是可以直接投身其中。公众有着对于自由价值的热切追求，“没有其他民族曾对自由，有过如此炙热的心，或对人类成就的高洁，有过如此坚定的信仰”。[①] 雅斯贝斯曾经指出，“城邦(公共领域)奠定了西方所有自由的意识、思想与现实的基础。”[②]城邦制度为自由、平等观的孕育与成长提供了坚实的制度保障。

在城邦(公共领域)之内法律成了社会活动的普遍原则。“法律不再是君主的意识，也不再是传统的惯习。在法庭上的判决，也不再对于神起誓，而是据理力争，可以自我辩护。”[③]对于法制价值的追求，有效促进了宪政理性在公共领域的实现，也进一步丰富了公共理性的具体内容。城邦(公共领域)的宪政体制设置了分权、制衡、控权的有效机制，使得权力被约束于一定的范围之内。

总之，古希腊的城邦(公共领域)是公共理性诞生的母体，包含民主、自由、平等、法制等一系列宪政理性，这为西方的宪政体制和公共理性的产生与发展奠定了理论与现实基础。

二、公共领域的中世纪演变

古希腊孕育了公共领域的古典传统，而到了中世纪这种传统却发生了改变，封建分封制抹杀了公与私之间的严格界限，普通人变成了私人，国家代表着共有权而非公众。作为与私人领域相分离的公共领域，在中世纪开始变得模糊。在描述中世纪的公共领域特征时，哈贝马斯使用了“代表型公共领域”来进行表述，认为这种代表型公共领域不能作为一类社会领域，而是一种地位的标志，它的产生与公众的标志物息息相关，可以概括为一整套“高贵”行为的理解，实现了某种更高的权力。[④]

首先，“代表型”是中世纪公共领域的典型特征，它的活动目的不再

① 伯恩斯：《世界文明史》，罗经国等译，商务印书馆 1987 年版，第 208 页。
② 雅斯贝斯：《历史的起源与目标》，魏楚雄、俞新天译，华夏出版社 1988 年版，第 25 页。
③ 北京大学哲学系外国哲学教研室编：《古希腊罗马哲学》，生活·读书·新知三联书店 1957 年版，第 118 页。
④ 汪晖、陈燕谷：《文化与公共性》，生活·读书·新知三联书店 2005 年版，第 127 页。

是满足公众的公共性生活诉求，而只是为了展示宫廷、权贵的地位、权势和精神气质。代表型公共领域依赖现实中的君主，赋予其独有的“神光灵气”，领主在公众面前代表的是其所有权，而非公众。[①]

其次，缺乏话语商谈的公共性。中世纪的封建社会既没有古希腊社会那样大量特定的公共场所以供言说，也不具备可以展开协商的公共性。“与其说中世纪存在社会的话，毋宁说不仅社会以审视的眼光评判政治的想法得不到认可，而且政治也根本无视独立社会的存在。如果有言语交流的话，也仅限于贵族们无关政治问题的象征与修辞，公众被完全排斥在政治交往的商谈之外。”[②]

再次，贵族集团是代表型公共领域的参与主体。公共领域的主体由古典时期的平民与公众，专限于由权贵阶级掌控，虽然农民与市民占据着社会人口的大多数，但是其受着教育水平、经济状况、身份地位等方面的限制，而无缘参与公共活动。权贵阶级之间由于有着共同的利益诉求，因而易于形成团体意识并采取行动，以制衡君主或是压制平民，强烈的参政意识与社会责任感，促使其成为公共领域的参与主体。

总之，中世纪的代表型公共领域成为权贵阶级的舞台，其所依赖的不是平民与公众。权贵在公众面前所代表的是其本身，而对于普通公众抱有着排斥，因而缺乏由广泛公众支撑的理性商谈空间。权贵在这一领域中成为主角，而其他公众则成为背景，公共性被限定于权贵之中，而并非为社会整体所拥有。到了中世纪后期，随着新的交往元素出现——信息交换与商品交换，权贵的内部开始分化，因而代表型公共领域也开始萎缩，新形式的公共领域开始出现，即现代意义上的公共领域形态。

三、现代公共领域的崛起

欧洲中世纪后期，伴随着商品经济发展与民族国家的出现，皇权、教会、贵族阶级开始分化，从而出现了私人领域与公共领域的“二元分割”格局。首先是宗教的改革使宗教领域成为私人自律领域；其次是封

① 哈贝马斯：《合法化危机》，刘北成、曹卫东译，上海人民出版社 2000 年版，第 27 页。

② 焦文峰：《观念和社会史中的三种公共领域》，载《扬州大学学报(人文社会科学版)》2002 年第 3 期。

建王权、官僚、军队、司法从君主制的私人领域中独立出来成为公共权力领域；再次，封建皇朝的财政从私人家产中分化出来成为公共财政；最后，从市场阶层分化而来的社会力量成为一个同国家相对立的私人自律的市民社会领域。①

公民社会的形成与发展，是公共领域产生的阶级基础与前提，同时也预示着现代公共领域的形成。② 基于对市民阶层权利与国家权利的制衡需要，从制度上厘清公共领域与私人领域之间的界限，以使公共领域作为介于公共与私人之间的中间地带有了其存在的现实性。③

随着商品交换和信息交换的发展，出现了现代意义上的社会与国家分离。一方面，国家机器形成了自身的"公共权威"，并对私人领域进行全方面干涉与渗入。另一方面，由于社会作为国家的对立面而出现，它一方面明确划定了一片私人领域不受国家权力管辖；另一方面又跨越私人领域，关注公共事务，让那个受契约支配的领域成为批判领域，并要求公众对其进行合理的批判。代表市民社会的资产阶级开始意识到自己成为国家权力的对立面，自身正在成为资产阶级公共领域中的公众。公共观念作为公共权威的抽象对立物，发展出"公民社会的公共领域"，现代意义上的公共领域就此生成。

现代公共领域思想始于以卢梭为代表的近代共和主义与以洛克为代表的近代自由主义之间的理论分歧。近代自由主义强调的是对于个人权利与自由的维护，欠缺的是对于公共美德、公共利益、价值共识的追求。④ 近代共和主义理论强调对于公共利益、意识的追求，但缺乏对于个人自由与权利的制度化维护。康德在对启蒙问题的反思过程中，颠覆了过往对于"公共的"概念与内涵，提出并论证了作为现代公共领域核心的"公共性"思想。⑤ 阿伦特在复活古典主义理想的理论创造中，首

① 梁鸿飞：《网络公共领域的社会治理功能及其困境解析——基于民主、反腐、自治三个维度的考察》，载《湖南农业大学学报(社会科学版)》2015 年第 6 期。

② 汤普逊：《中世纪晚期欧洲经济社会史》，徐家玲译，商务印书馆 1992 年版，第 321 页。

③ 伯尔曼：《法律与革命：西方法律传统的形成》，贺卫方等译，中国大百科全书出版社 1993 年版，第 408 页。

④ 施密特编：《启蒙运动与现代性：18 世纪与 20 世纪的对话》，徐向东，卢华萍译，上海人民出版社 2005 年，第 259－261 页。

⑤ 康德：《历史理性批判文集》，何兆武译，商务印书馆 2005 年版，第 212－213 页。

次提出了公共领域概念，并从“私人-社会-公共”进行了三分，形成了既与城邦理论不同，又与自由主义与公共主义所不同的理论框架——公共领域理论。[①]

康德对“公共性”的探寻与阿伦特对公共领域的共和主义解读，为哈贝马斯的公共领域理论构建提供了系统的话语体系与理论基础。阿伦特的共和主义(政治自由观)与康德的启蒙理性(自由观)所共同建立的公共性理论，成为贯穿哈贝马斯理论的主轴，他认为公共领域是社会的一个中间结构，它具有着资产阶级意味，参与其中的是社会公众，作用的机制则是公开讨论、平等交往。

第二节　阿伦特：古典公共领域理论

阿伦特是最早提出公共领域理论的哲学家与思想家，她通过对于政治现象的观察来阐释公共性的本质。关于公共领域，她优先从古典城邦生活出发，发现话语实践在生活中的重要性，提出了人的三个基本活动类型——工作、劳动、行动的互为关系，即经典的社会三分理论，借此对于公共领域的意涵进行分析，将私人与公共领域进行区分解释。

一、社会三分理论

在阿伦特看来，人的基本生活包括工作、行动与劳动，它们分别与世人的三个基本生存条件所对应。工作对于人类生存而言有着必要性，公众在工作中对于生命进行突破与超越；劳动控制着公众的生命历程，类似人的生理过程；而行动是唯一不需要借助于任何中介所进行的人的活动。劳动具有自然性特征，工作带有现世特征，行动则有着显著的群体性特征，它是政治生活的充要条件，具有很强的政治性。

工作、劳动与行动三者之间的关系在于，劳动与工作属于私人领域的内容，它表现为对于生存、社会人的需要，其最终结果是以物质实体的方式表现出来的，公众在进行工作或劳动中，能够预知过程与结果。

① 阿伦特：《人的条件》，竺乾威译，上海人民出版社1999年版，第44页。

而对于行动而言，其无法预计结果如何，也无法预见行动者是谁，且行动过程是不可逆的，行动关注于精神方面的需求。阿伦特认为，政治产生于公共的行动，即话语的共享，行动与公众共同生活的世界的公共部分紧密相关，构建了公共领域。

二、私人领域与公共领域

从《极权主义的起源》与《人的条件》两书可见对于公共领域的探究是贯穿阿伦特一生的理论主题。在《人的条件》中，她把现实世界拆分为公共领域与私人领域，当公众在无所欲求时才能进入公共领域，否则他只能停留在私人领域，当一个人还在为赚钱与个人温饱而忙碌时，是无暇关注公共生活的。在《极权主义的起源》中，她认为极权破坏了私人生活，使人们区隔于生活世界之外，他们不顾公共事务，隔绝了他人的同时也排斥了使生活有意义的共同世界。这里所指涉的共同世界是公共领域，一旦公共领域丧失了，那么人就丧失了精神意志与现实感。①

阿伦特以古希腊的政治经济为基础，认为公共领域和私人领域最早出现在城邦生活之中。亚里士多德的《政治学》对于阿伦特有着重要的参照意义，亚里士多德认为人类是趋向城邦的动物，没有谁可以脱离城邦而独立存在。城邦先于家庭与个人存在，每个独立的公众都无法自给自足，必须共同集合于城邦。亚里士多德认为，“人类生来就有合群的性情，所以不期而同的趋向于这样的组合。”他认为城邦以正义为原则，正义则是其社会秩序的基础。

阿伦特指出，城邦国家使得公众能够区分哪些是自己的东西，哪些是公用的东西，借此区分私人生活与公共生活。城邦生活作为一种政治组织形式，试图将人维持在一个固定有序的范围之内，而给予公众相对的自由选择。城邦属于自由的领域成为公共领域，与之相对的是家庭，或者也称为私人领域。城邦是一个公共空间的概念，包括神庙、政议厅、广场等，公众可以自由平等地交流与讨论，其中蕴含着竞争性。在这个竞争性的空间中，公众的主要目的是希望自己被他人承认与称赞。公共领域除了是一个竞争性空间，也是一个合作性空间，它是一个

① 阿伦特：《极权主义的起源》，林骧华译，台北时报文化出版社 1995 年版，第 323 页。

自由领域。在阿伦特看来，如果公众的行动不具有一致性，那么就无法称之为公共领域。权利通过公共话语产生与保存下来，演讲和说服是比较常见的方式，人们在公共生活的一致性行动，将公共关注的主题列入辩论的主题，公共性通过劝说、辩论的方式来实现，而私人领域则为暴力、指令、命令所取而代之。[①]

三、古典公共领域的特质

阿伦特认为政治行动和公共性可以画上等号，政治的核心是公共性。公共领域的作用在于通过现象空间参与公共事务的谈论，行动与言语是有效的展示方式，可以就自己的意见自由地表达。阿伦特的公共理论有着以下几方面特质。

其一是自由与平等。阿伦特在《什么是自由?》中提出："政治存在的理由是自由，它的经验领域是行动，人是自由的，有别于对自由天赋的拥有，只要恰逢其时地行动。"[②]希腊人的自由只存在于公共领域，前提是生活必需品得到保证，它脱离于私人领域和家庭。

其二是多样和差异。在公共领域中，多样性与差异性可以通过演绎表达出来，不同公众的思想与言语会有所区别，在彼此的争辩中，体现自己的特别之处，这是公共领域有价值的一个原因。公众作为孤立的个体而存在，只有通过与他人交往才能实现自身的价值。在公共领域中，不同公众的自我意识表达，有其独特性，在个性展示的过程中，必须有他人的在场，才能呈现出价值，多样性只能在公共场景中展现出来，差异性亦如是，展现有赖于主动性。

其三是行动与话语。在城邦之中，行动与话语是具有政治性的两大要素，只有在日常的沟通中，才能使得生命产生意义。"讲话之外或存有真理，这些真理与单数的人较为相关。复数的人，即至今在这一世界中迁徙、生活和行动的人的经历之所以有意义，源于彼此之间的互为交谈，并使其彼此富有意义。"[③]话语交流是保障公共性的基本行动方式，是人与人之间差异的呈现。

---

① Seyla Benhabib, *Models of Public Space* (England: The MIT Press, 1992), p.78.

② 涂文娟:《阿伦特的自由概念——从比较的视角出发》,载《求是学刊》2009 年第 5 期。

③ 汉森:《历史、政治与公民权: 阿伦特传》,刘佳林译,江苏人民出版社 2004 年版,第 16 页。

四、评价

阿伦特的公共领域理论受到了不同学者的批判，有学者认为她对于公共领域的区分具有显著的父权制思想，更多考虑了男性公民在政治领域中的行动。[①] 沃伦认为，阿伦特没有考虑以下几方面问题：首先，社会层级中的权利问题；其次，正义问题；最后，国家的问题。阿伦特的公共领域理论忽略了对于权利的争夺与维护，对于政治斗争的理解也较为狭隘，未能将政治、文化斗争纳入视野之中。也有人提出该理论出于"现象学的直觉"，缺乏政治理论的系统性与紧密性。

阿伦特在其公共领域理论的探讨中，对于公共性的话语和自由交往特征进行了分析，体现出了发展公共性的积极自由思想，这类现象学的研究，为哈贝马斯的资产阶级公共领域理论提供了启示。[②]

第三节　哈贝马斯：资产阶级公共领域理论

哈贝马斯对于资产阶级公共领域的功能、结构、转型以及国家福利等问题进行了研究。他认为，凡对公众开放的场合都可称为"公共的"，公众舆论中的公众是公共领域中的主体。与私人领域相对立的是公共领域，其发挥的主要功能是评判功能。他的研究重点放在资产阶级公共领域，随着社会与经济的发展，该领域面临新的结构转型，公共领域与私人领域的界限变得更为模糊。

一、公共领域的类型说

哈贝马斯将公共领域分为古典公共领域、代表型公共领域和资产阶级公共领域。古典公共领域指的是城邦政治，建立于对话与讨论的基础之上，被视为自由的国度，公众可以实现平等交往、自由辩论，而那

① Dermot Moran, *Introduction to Phenomenology* (London & New York: Routledge, 2000), p.318.

② 万新娜：《网络媒体语境下公共领域之幻象——公共领域媒体实践的批判》，载《中国广播电视学刊》2015 年第 9 期。

些底层公众则被限制于以家庭为主的私人领域之中。

代表型公共领域是封建社会的产物，相当于封建领主的宫廷，是一种地位的象征。在封建社会，没有公共领域与私人领域之分，所谓的"私有"，实则是归领主所有，与公有无太大的区别，特殊性或豁免权是公共性的核心。[①] 封建社会的消亡，使得以宗教为代表的私人领域得以出现，财产的分化促使私人的市民社会与国家对立起来，私人领域与公共领域也开始出现分离。

哈贝马斯的公共领域理论有着浓重的资产阶级色彩，他认为，随着国家的产生以及商业贸易的发展，形成了现代意义上的公共领域，即公共权力领域。"公共权力表现为常设的管理机构与常备军队，信息交流与商品交换中的永恒关系是一个具有连续性的行动。"[②]市民社会以一类新的社会存在形式而出现，其中包括牧师、教师、手工业、商人、制造商等，他们作为重要力量，通过阅读聚合在一起，对于公共事务自由地表达意见。

资产阶级私人领域与公共领域是相对的，指商品交换、社会劳动与家庭等领域，主要体现在三个方面：其一，私人性作为道德与信仰意义被理解，个人自由意识和世界观被视为具有约束性的道德存在场所。其二，适合经济自由的私人权利空间。随着商品化与现代化的发展，私人的家庭经济逐渐衰退，与之平行的私人经济市场出现了，公众在市场可以实现自由的交换而不受政府干预。其三，家庭生活中的性别与再生产，是日常生活中经常接触的领域，不存在正义问题。公共领域与私人领域在某种程度上密切相关，公共领域中的公众来自私人领域。而私人进入公共领域的主要资格包括财产与教育。

哈贝马斯的公共领域，是一个由私人所聚合而成的公众领域，公众在此进行公开论理，与已基本私有化，但仍与公共相关的市场交换和劳动一般规则与权威进行辩论。在国家与社会分离的状态下，哈氏把公

① 哈贝马斯：《在事实与规范之间——关于法律与民主法治国家的商谈理论》，童世骏译，生活·读书·新知三联书店 2013 年版，第 449 页。

② Keith Michael Baker, *Define the Public Sphere in Eighteenth-Century France: Variatons on a Theme By Habermas Habermas and the Public Sphere* (England: The MIT Press, 1992), p.183.

共与私人区分开来，公共领域涵盖了文化与政治，文化领域以文化市场与城镇的出现为条件，以俱乐部与媒体为形式。公众舆论成为媒介，将社会的需要与国家相连。政治领域则从文化领域衍生而来。哈氏的公共领域框架如图 2－1、图 2－2 所示。

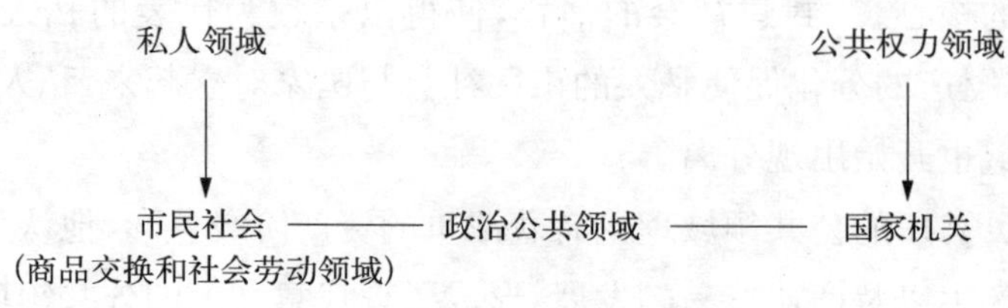

图 2－1　政治公共领域的图示

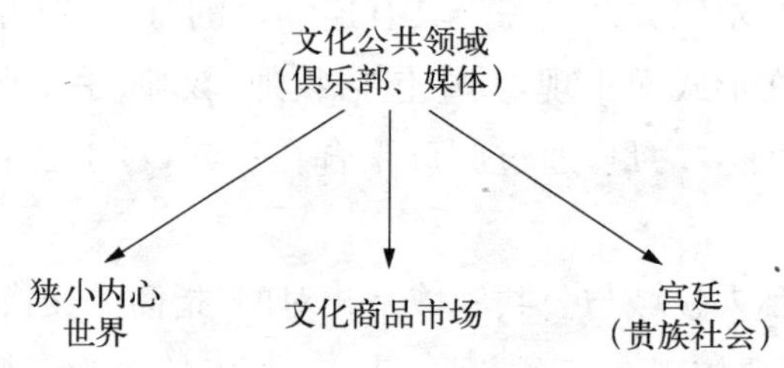

图 2－2　文化公共领域的框架

二、资产阶级公共领域的特征

哈贝马斯把公共领域的定义为："公共领域是介于国家与社会之间进行调节的一个领域，在这个领域中，作为公共意见的载体的公众形成了。"[①]在《公共领域的结构转型》中，他将公共领域结构划分为资产阶级公共领域和平民公共领域，在资产阶级公共领域中以有产者为主，而在平民公共领域中则以底层、无产者为主。

公共媒体作为公共性的载体，承担了对于公共权力批判与监督的职责。哈氏所描绘的公共性概念表达了在自由、平等人性中的理性沟通的理想状态。公共性被加以构建，公众逐渐参与公开讨论，生活中的权利和压制被移除，自主地接受理性启蒙。[②] 公共领域的特征主要表

---

① 哈贝马斯：《哈贝马斯在华讲演集》，人民出版社 2012 年版，第 34 页。
② 尼葛洛庞帝：《数字化生存》，胡泳译，海南出版社 1997 年版，第 196 页。

现在以下几个方面。

首先，公开讨论。公共领域是向所有公众开放的，所有公民都可以自由地参与，表达自己的见解。公共领域是通过人们之间的话语讨论所形成的，其内容是公共事务，不涉及个人的私利与偏好，更不代表任何利益集团与组织。公共的意见产生于公众的理性讨论，在其实施的过程中受到制度保护。① 在公众的争论中，以协商的方式形成公共意见，其中经验起到了举足轻重的作用。② 公共领域存在于一个实践的话语体系中，所有的行动参与者均受到社会、政治、经济标准的影响，以此成为他们的合法性。民主的合法性不在于结果，而在于日常的互动沟通，通过观点、意见的表达与交换，使得民主意愿形成。③

其次，平等自由。公共性的主体必然为自由人，公共领域的公众是由自由的个体所集合而成的，这种自由个体既是作为合法公民的存在，又是作为一个独立个体的存在。公共性的主体可以在公共场所中对于公共事务发表评论，这种交往是一种平等的交互，不受社会地位因素的影响。只要公众进入这一领域，那么“市场规律和国家法律一道被搁置了起来”。公众具有平等的话语权，发言不受到财产多寡的限制，也不受到权贵的影响。④

再次，理性批判。哈贝马斯引用康德的观点，认为公共性既是法律秩序原则，又是启蒙方法。一方面，法律应当是合理的、理性的，立法权利归入公共领域之内，公共舆论成为立法的基本源泉。另一方面，只有理性的公众才具备启蒙能力，“必须永远有公开自己理性的机会，唯有它才能开启启蒙能力”。公共领域实则是一个中介结构，在理性的批判中，需要遵循法律，又不能违背道德，公共性是道德与政治的中介。⑤

最后，社会交往。公共领域是一个社会关系网络，关于特定议题的

① 哈贝马斯：《现代性的哲学话语》，曹卫东译，译林出版社 2004 年版，第 327 页。
② 哈贝马斯：《重建历史唯物主义》，郭官义译，社会科学出版社 2000 年版，第 98 页。
③ 张翠：《论哈贝马斯公共领域的民主意蕴》，载《学术论坛》2008 年第 1 期。
④ 哈贝马斯：《后民族结构》，曹卫东译，上海人民出版社 2002 年版，第 223 页。
⑤ 哈贝马斯：《哈贝马斯精粹》，曹卫东译，南京大学出版社 2005 年版，第 378 页。

观点与内容经过特定的过滤与综合后，最终形成公众意见与舆论。同时，哈氏指出："人类是通过其成员的协调活动而得以维系下来，这种协调必须通过交往，彼此之间通过一致性的行动而达成共识。"社会交往以符号作为传播媒介，主要的表现手段为语言，协商主体基于公共目标进行协商与交往，在理性与相互理解的基础上行动。社会交往需要合理化，必须借助于一定的社会规范，主体之间遵循相互理解、坦诚原则，最终才能促进协商的达成，实现民主。[①]

三、公共领域的结构转型

随着商业化的发展和消费主义的形成，资产阶级的公共领域在国家-社会一体化背景下期待转型。"失去了公开事实接受批判的公众舆论功能……公共性变成一个领域，并削弱私人领域，从这个意义上来看，批判的公共力量开始淡去其晕轮。"[②]

资产阶级公共领域的结构转型表现在公共领域与私人领域界限的模糊。随着市场的扩张与政治的扩张，公共权力开始介入私人领域，并对于私人领域进行影响与控制，原本在私人领域所讨论的主题被公共权力无限放大，成为公共议题。同时，私人也对公共进行着干涉，私人开始将私人事务列入公共事务，公共领域内的内容逐步被私人化，公共领域失去其自身的独特性，政治功能发生了转变，导致政治公共领域"再封建化"。在国家干预的影响下，社会与国家利益开始趋同，福利国家的功能与结构随着社会需要而变化，如制定弱势群体扶助政策、维护社区安全法规等。这直接导致了私人领域政治化为社会领域，这个领域不是传统意义上的公共领域，也不是之前纯正的私人领域，国家与社会糅合在一起，成为一个公法与私法并存的崭新领域。"私人所拥有的这一系列功能被公共所替代，在福利国家的权力与义务范围内，最初失去的私人支配力量换回了负担的减轻，因为这样能够实现收入、生活、空闲时间的消费更为私人化。"

作为公共舆论表达的场所，大众媒介有其重要的公共属性，但是在

① 张寻远：《以法治化思维推动网络公共领域治理》，载《人民论坛》2020 年第 15 期。
② 哈贝马斯：《公共领域的结构转型》，曹卫东译，学林出版社 1999 年版，第 331 页。

市场、经济、政治的多重影响下，它放弃了对于公共意见的服务，转向于对政治宣传与商业的传播。哈贝马斯将公共领域视为与政府共同解决问题的“共振板”，当公众借助公众媒介进行意见放大时，可以引起更为广泛群体的关注，特别是政府部门，当公众参与问题讨论并发表意见的时候，公共舆论则为问题的解决提供了途径，并在声势上促进了政府对于问题的最终解决。故而，以大众媒介为特征的公共领域可以被视为“预警系统”，是具有社会敏感性的传导器。但事实却偏离了预期，大众媒介并未给公共舆论提供场所，却扮演了掠夺公共性原则的中立特征角色。媒介重视收视率、发行量、广告问题，一味迎合文化程度较低的受众和信息消费需求，娱乐化与休闲化成分越发多了起来，与政治、社会相关的主题则减少，试图打造不问政治的公众，使得公众远离政治议题，其自身的评判与辩论也无法进行有效表达。这个本应是公众舆论中坚力量的平台，却失去了其公共领域的政治性特质，将私人领域的内容带入其中，有了次核心领域特征，即个人隐私的公开化。消费文化影响下的消费者替代了理性与批判的公众，政府则运用“宣传幻影”的手段对公共舆论与表达进行着控制，影响着选民的意义表达与行动选择。这样一来，公共领域的理性消失了、批判性也消失了，启蒙则成了控制，大众媒介则异化成了控制工具或消费工具，去政治化导致了再封建化，国家与利益集团操纵着公共领域，剥夺了公众对于公共事务的关注及意见表达权利。

四、评价

哈贝马斯对于资产阶级公共领域的探讨，建立于特定的时代基础，是一个“划时代意义的范畴”，不能与欧洲中世纪的市民社会历史区分开来，也不可以随意应用到具有相似形态的历史语境中来。这种特殊的历史背景，给予理论更为多元的观察维度，赋予哈贝马斯社会自然与丰富的公共生活素材，更好地发展了概念的核心。正因如此，哈氏对于公共领域的理解是全面而透彻的，在较长时间内被广泛借鉴与运用。

但同时也招致了不同的声音。黄宗智认为哈贝马斯的公共领域没有太多关注国家与社会之间的动态变化。加纳姆（Nicholas Garnham）

认为哈氏理想化了公共领域本身，忽视了区隔于不能协调的位置之间的妥协需要，夸大了工作操作者的控制力量，缺少关注那些没有直接面对协商的传播形式与方式。

争议最大的还在于其未能将平民列入公共领域进行讨论，这一点在其后期的研究进行了补充。他认为小市民与平民是一个特殊的夹断，是资产阶级公共领域的变种，其在新的社会语境中发挥释放出了资产阶级公共领域的能量，因而属于一类不具备资产阶级特征的公共领域。虽然他们被资产阶级所排斥，教育与财产成了他们的阻碍，但是他们依然能够凝聚在一起，形成属于他们自己的公共领域，同时也具备了资产阶级公共领域的部分特质。

在有关性别公共领域的问题上，哈贝马斯认为"排挤女性这一行为对于政治公共领域是具有建设性影响的"[①]。他的公共领域理论带有鲜明的父权制特征。兰德斯（Landers）认为资产阶级公共领域中所蕴含的父权制度并不是偶然的现象，而是一种必然的结果，这种意识形态已经根植于18世纪的社会之中，其总体性与理性的标准将女性排除在外。而哈彼默认为，公共领域的最终评判标准是平等互惠，要想公共领域有所延续与拓展，必须将社会事务与家庭事务都纳入其中，其中包括男性与女性。

此外，有关理性化问题的质疑。公众之间的交互并非永远是理性的，正如《乌合之众》中所提及，集体的行动并未比个人的行动或思考好多少，大多数情况下，集体的行动是缺乏理性思考的，是非理性的。[②] 力求平等的公共空间，意味着对于同质化的追求，不仅表现在身份背景上，还在于无私心与偏袒的行为上，需要参与对话者放弃个人利益致力于公共事务，是难以做到的。而理性的交往行动，如果只存在无背景差异"同质人"之间的对话，那么这个公共领域理论将会是一种虚构。一方面要求同质化，一方面要求差异化，这会引导理论最终走向无法实现的乌托邦。

哈贝马斯对于大众媒介抱有悲观的态度，但当前的媒介发展，特别是网络为主体的新媒体出现，为公众舆论与意义的表达提供了更为广

① 哈贝马斯：《重建历史唯物主义》，郭官义译，社会科学出版社2000年版，第195页。
② 古斯塔夫·勒庞：《乌合之众》，吴松林译，中国文史出版社2013年版，第227页。

阔的空间，这种新媒体的策略性发展将会促进公共领域的新实践。

第四节 泰勒：多元公共领域理论

泰勒作为社群主义的代表人物，将世俗视为“社会想象”，从人类学的角度转向公共性角度进行分析，认为公共领域是社会想象的变革，是社会发展的一个重要因素。公众主要关注公共事务，即使彼此之间相隔很远，同样可以通过想象彼此的处境与环境，最终形成共同的意见与态度，不会因为时空的区隔而改变共同体的性质。①

公共性不仅包含着公众所共同关注的公共事务，还包含着什么是大家所应该共同关心的事情，因而公众在公共领域中起着相当大的作用，在某种程度上，他们的行动代表着某类群体、组织与机构。政治机构代表公众的执行部门，其范围从公众大会聚集的地方，一直延伸至皇权的宫廷，这些地方便是公共空间的所在地，也是被称之为公共领域的地方。② 在公共领域中，大众媒介起着重要作用，只需通过广播、报纸、电视等方式，即可唤起分布于不同地域的公众共同关注同一件事，并通过社会想象对事件进行理解，进而进行意见的交换和互动，最终实现行动与意见的一致性。

相较于阿伦特、哈贝马斯而言，泰勒的公共领域理论有其自身的独特性。他认为在现代社会中，传播媒介的特征与作用可以使得公共领域呈现非物质化的特质，彼此之间的对话可以在不同的空间内进行，从而挖掘了一个崭新的公共领域理论。它将社会想象、共同体和媒介融合为一体，突破了哈贝马斯的一元公共领域的局限，认为存在着不同形式的公共领域。由于公众个体或群体的差异性，社会想象与共同体也随之呈现多样性，这决定了公共领域不拘泥于某一特定公共事务或特定领域，呈现出多元的特质。

---

① 安德森：《想象的共同体：名族主义的起源与散布》，吴叡人译，上海世纪出版社 2005 年版，第 7 页。

② 黄月琴：《公共领域的观念嬗变与大众媒介的公共性——评阿伦特、哈贝马斯与泰勒的公共领域思想》，载《新闻与传播评论》2008 年第 7 期。

一、多元公共领域

公共领域是一个共有空间，媒介是促成社会成员彼此结识的重要手段。通过各类媒介方式实现交流，进而对于公共利益讨论，这样形成的仅是一种单数的公共领域。虽然媒介的形式多种多样，产生了各种不同类型的交流与互动，讨论的是不同的公众议题，但归根结底还是内部交流，呈现出信息同质化。各类媒介所讨论的内容，在时间上或制作方式上有所区别，但主题却都是大同小异的。

泰勒认为，应当赋予公共领域一个新的视角，公共领域是多元的，可以被视为实现某一目标而聚集在一起的共同行动，这类行为可以是仪式的、娱乐的，也可以是对重要事件的庆典，但最终还是聚焦于公共事件，而非纯粹自己单方面关注的内容，即无私利的成分，公共目标或意图是行动的出发点。人类意见提供的只是趋向聚合的共同体，公众舆论是一系列公共行动之外产生的。[①]

依照公共领域中公众共同关注的议题差异，公共领域可分为不同的类型，通过对于公共空间的理解，可以认为是公众为了一些意图而聚合起来的，其中蕴含私人之间的交谈，或仪式、庆典等各类形式。那些产生于某些场所的公共空间，被称之为“议题性的公共空间”。但同时，他所认为的公共领域超越了这种议题性的空间，它将多样化的空间编织在一起，纳入一个没有任何聚会的空间。这种更为广阔范围而非本地化的公共空间称为“元议题的公共空间”。大众媒介没有为公众的聚会提供场所条件，但是公众可以克服时空的约束，实现更为广阔的交流与互动，这有助于走出地方性公共事务的狭隘视角。

泰勒在此基础上提出了另一类公共领域形式，即“寄宿的公共领域”，将较小的公共领域寄宿在较大的公共领域之中。在他看来，地方性的公共领域可以寄宿在全国性的公共领域之中，彼此之间相互制衡、共同发展。除了全国性与地方性公共领域分类，还包括政党、性别、生态保护等公共领域，它们都可以通过寄宿的方式取得更广的公共领域

---

① Charles Taylor, *A Secular Age*, *Cambridge*, *Massachusetts*, *and London* (England: The Belknap Press Of Harvard University Press, 2007), p.185.

关注，同时有助于扩大自身的公共领域规模，以便更多公众共同关注的问题活动得以合理的解决与顺利的开展。

二、多元公共领域的特征

（一）“社会想象”的联合体

在很大程度上，公众通过孤独的反思来发展自己的看法、意见与对事物的态度，他们会努力寻求自我与公众之间的同一性。但有时“重要的他人”却相隔很远，彼此之间的交流与意见交互，有赖于社会想象这一重要方式来得以实现。

这里所指涉的“社会想象”可以使得公众想象各种社会存在方式，想象他们如何适应他人、伙伴，想象那些满足需求、并隐藏在期望之后的深层次规范与意向。[①] 人们通过社会想象来呈现自我，依照米德所说：“自我并非天生具有，是个体参与社会活动，在社会经历中形成的，个体在这一过程中与他人建立关系，并逐渐生成自我，它产生于社会经验的社会结构。个体与公众发生联系的过程，实质就是思想交流的过程。”针对一个重要公共议题，个体会思考其他参与者会有怎样的想法，会预想讨论过程中会出现怎样的互动与争辩，公共领域在此时成为个体的交互空间，参与者通过符号的表达来传递自我的意见与态度，从而试图感染他人，努力达成最终的同一性。

基于“社会想象”联合体所形成的公共领域，与哈贝马斯的资产阶级公共领域有所不同，参与者不必聚合在一起，而是通过媒介进行社会想象，共同关注公共议题。社会想象跨越了时空界限，联合起来的公众将自己的权力转授予了一个新的公共空间。[②] 与此同时，传统的聚会开始渐渐地失去光晕，传媒所塑造的社会想象能进一步扩大公共议题的范围，只有在这样的社会想象引导下，公共领域才能得以存在，并表现出更大的价值。

（二）差异与平等

在公共领域中，政治平等的认同扮演着极其重要的角色，它强调公

---

① 米德：《心灵、自我与社会》，赵月瑟译，上海译文出版社 2018 年版，第 121 页。

② 许纪霖：《公共空间中的知识分子》，江苏人民出版社 2007 年版，第 57 页。

众的平等尊严，避免上层与下层阶级的对立，通过荣誉尊严的转变使得政治的内容变成权力资格的平等。[①] 泰勒认为，平等的尊严政治与差异政治之间存在着重叠，平等的政治尊严意味着权力与豁免，而对于差异的承认是人类社会发展不可缺少的部分，它是认同个体或团体的独特同一性，是与其他个体之间的差异。在民主化的进程中，最先要解决的则是多元文化问题，在多元文化的环境之中，每一类文化都有其独特价值，我们需要以某种尊重的态度去看待，允许每一类文化在公共领域中平等对话，在承认各种文化间差异性的同时，鼓励各种文化之间的交流。[②]

（三）情境化自由

泰勒的自由观基于伯林的两种自由观的分析基础之上。他认为自由可以分为消极自由与积极自由。消极自由是“免于做……的自由”，而积极自由则是“做……的自由”。在此基础之上，他提出了“情境化自由”，这是一个与绝对自由相对的概念，自由是对个体生活的情境作出的反应，个体是社会存在物，具有相应的职责与目标。[③] 在泰勒所指的多元公共领域中，必须具有与公共生活密切相关的自由，需要具有实现群体价值或团体目标的自由，即达成自我实现的自由。这类自由既追求自由，又追求个性，但与原子化个人主义截然不同。情境化自由认为自由实现需要借助于一定的社会条件，彼此的政治认同也需建立于自由地与他人交换意见基础之上，在独创性与想象力的激荡之中，达成对于某一公共议题的公共理解。

（四）话语协商

语言是个体与他人之间交互的前提条件，也是公共领域必不可少的要素。但语言只有在特定的话语共同体中才能得以保持与延续，它本身承载的关于主体的意义，只有在共同体中才能被真实展现，并被共同体中的公众所接受与理解。[④] 倡导政治认同的公共领域需要拥有一

---

① Charles Taylor, *The politics of Recognition* (The United Kingdom: Princeton University Press, 1994), p.37.

② 泰勒：《自我的根源：现代认同的形成》，韩震译，译林出版社 2011 年版，第 39 页。

③ 泰勒：《现代性之隐忧》，程炼译，中央编译出版社 2013 年版，第 142 页。

④ 宁乐峰：《泰勒的社群主义整体本体论评析——基于语言共同体的视角》，载《云南农业大学学报》2010 年第 12 期。

个话语网络，参与者通过话语交流才能实现协商，达成共同理解。在公共领域中的公共舆论，需要建立于平等与理性基础之上。

话语与共同体是达成人的本真性的两个不可或缺的因素，本真性不同于原子化个人主义，虽然包含了个人主义的要素，但不主张忽视共同体的重要性。实现本身性的恰当场所正是公共领域，它承认公众的差异、独创与个性，允许公众与权力对抗的自由，支持平等地进行公共辩论与意见交换。泰勒指出，公共意见通过公共讨论所产生，要产生这种分散的公共意见，需要参与者了解自己的所作所为的含义。[①] 这些都建立于公共理解的范畴之内，公共领域既可以反对权力，但又有着压制作用。

三、评价

与以城邦为代表的公共领域相比，泰勒的公共领域理论创造了一个建立于社会想象基础之上的共同体，它以传媒为手段，打破了时空的界限。它拓展了哈贝马斯一元公共领域的局限，提出了多元的公共领域形式，这是一个实现公共领域扩张继而实现民主的有效路径。

但是其理论本身也存在着一定实现难度。首先，依靠传媒制造的社会想象共同体，在现实生活中未必能产生。因为这有赖于自主意识的公众能够自觉地将社会视为一个共同体，并通过一系列的行动来实现，困难在于并非所有公众都会具有这样的自觉意识，这是一类理想主义的想法。

其次，泰勒关注的"承认的政治"，关心的是自由社会的制度设计如何保障公众的平等权利。他努力在平等尊严与差异政治之间建立起某种联系。但是现实是社会公众对于共同体抱有漠视与冷淡的态度，这在一定程度上是缺乏社会认同所导致的。或者原子个人主义造成对公共议题与政府行为的无动于衷，或者自己缺乏改变社会或议程设置的能力，最终的结果则是无法形成统一的共同体。

最后，则是在多元公共领域的讨论中，缺少对于市场与经济力量的思考，仅强调传播媒介对于公共领域的作用与影响。社会经济因素极大程度上影响了传播媒介的自主性，从而危机蔓延至公共领域，最终影响着公共领域的演变与发展。

---

① Charles Taylor, *The Ethics of Authenticity* (England: Harvard University Press, 1996), p.67.

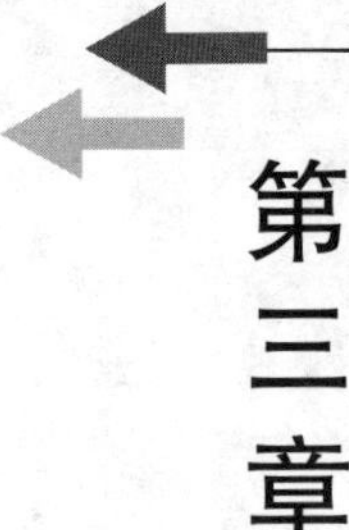

第三章 网络公共领域的基础要件

互联网不仅触发了传播方式的革命，并逐渐嵌入人们的日常生活，对人类社会的生活方式、生产方式、意义表达，乃至价值判断与思维方式都产生了广泛与深刻的影响。传统社会已经发生了位移，网络社会已经融入原本的社会结构。网络社会的发展使得公共领域在新的空间中初现端倪，影响与变革着对于公共领域的认知与理解。对于构建网络公共领域的探讨，离不开对于社会文化背景的观察，这类结构性因素的存在，使得网络公共领域在相关信息技术的支持下得以扩散，网络公共领域的形成与发展，需要文化、场景、社会结构、政治等要件作为支撑。

第一节　网络的文化要件

网络文化传递的价值观念、生活准则、道德观念、思想意识等为网络公共领域提供了基本素材，多元的网络文化影响着各种公共热点与焦点的进程，形成了一系列公共议题与事件。网络文化比起现实社会文化而言，更具包容性特质，正是其独有的特征，使得网络公共领域能够更深刻地体现出个体与群体的诉求、利益，促进网络公共领域向着多元化的方向发展。

一、网络文化的内核

随着信息技术的普及与发展，网络社会已经逐步成为社会互动的重要场域，其背后所蕴含的是独特文化特征。美国社会学家卡斯特阐述了网络中日渐清晰的新社会结构与社会关系。他认为，网络是一种具有历史一致性的文化边界意义上的社会，“如果依据古老的社会传统，社会行动被理解为文化与自然关系的变迁模式，那么，我们的确是置身于新纪元之中”。卡斯特同时指出，网络社会对于文化具有较大的影响力，“在网络社会的理想类型下所概述的社会转化过程，超越了生产的社会与技术关系领域，这些过程深刻影响了文化”。[①] 在信息时代，网络通过成为由新的知识技术赋予力量的信息网络而获得新生，而在此所指涉的知识技术的根本特质即为文化。[②]

崛起的网络社会，使得信息替代资本成为重要的资源要素，信息资源的发展促进了崭新文化形态的生成。网络表现为社会共有的技术平台与手段，更多地表现为社会文化的现象。结合表层与深层来看，网络社会的存在是以文化为内核的，它不仅继承了现实社会中的文化传统，同时还在新的空间中，创建了新的文化，丰富了文化的内涵，由此形成了另一类完整的社会文化体系。网络公共领域的出现、存在与发展，离不开网络文化的支撑。

对于网络文化有着不同的解读，在过往的研究中通常有三种理解：一是把网络文化视为一种媒介文化，是存在于网络传播媒体上的文化现象；二是认为网络文化是一种技术文化，是通过信息技术形成的文化现象；三是认为网络文化是人们借助于网络平台实现各类生产与交往活动而形成的精神与物质总和。三类理解有着不同的观察视角。从网络社会与现实社会的关系来看，网络文化主要由两部分要素构成。

一是社会文化的信息化、数字化。网络社会的出现是由信息技术所推动的，公众通过现实社会中的资源整合，在网上建立新的各类关系，但不可避免地受到现实社会的影响。网络作为人们生活、学习、工

① 卡斯特：《网络社会的崛起》，夏铸九等译，社会科学文献出版社2006年版，第28页。

② 梅勒：《理解社会》，赵亮员等译，北京大学出版社2019年版，第41页。

作的新场所与平台，原本的文化现象被数字和信息所包装与形塑，成为网络文化的重要内容。网络的巨大影响力和作用在于其文化与信息传播力量，它将现实社会中的各种传统文化方式融入“网络”这个系统中，并进行加工、整理、组织，从而使得信息的传播更具多元化、广泛性，实现现实社会文化的信息化与数字化。现实社会的文化是网络文化的主要构成部分，网络文化对于传统文化进行了持续的传承、更替与变革。

二是网络技术或行为衍生的文化。网络中的各种新功能的不断出现与运用，使得人们的社会行为、语言及思想意识也随之发生了变化，各种新的文化不断涌现，不同形式与内容的文化现象融合在一起，并实现着衍生。网络中的一些特定意义表达符号开始逐渐出现，如?o?||(听不懂)、(°?°)~@(晕倒了)、“DUANG”、“心塞”(不顺心、心里不舒服)、--<-<-<@(送你一朵玫瑰花)、“杯具”(同悲剧)等。现实社会中的意义表达有着自身的文化意蕴，而在网络中这类意义表达却发生了位移，其根本在于传统文化要素在网络环境中的重构，形成了网络社会中独有的行动与交往形式，这对于网络公共领域有着重要的影响，是其形成的基础。

网络文化的本质，是现实社会文化投射于虚拟空间的孪生形态。现实社会文化扎根于现实生活中的生活基础，是通过长期积累而形成的文化沉淀，有其根本的传统与准则。而投射于虚拟空间的网络文化，则是在原本基础上，借助通信、信息技术对于传统文化进行转释与更新，加速了文化形成的周期，使其迭代得更为快速，同时在表现上也变得更为多样。对于公众而言，感受到的是网络文化的日新月异和丰富多样；但就其本质而言，并未偏离传统文化的根基。

二、现实与虚拟的文化互构

网络社会中有着现实社会文化的身影，同时也衍生出网络本身的独特文化，两类文化互为影响与建构，共同形成了网络社会的整体图景。现实社会中的文化特征直接反映于网络文化，而网络文化现象又反馈于现实社会，并影响现实社会的规范与行为，这是现实与虚拟互为构建的结果。社会文化与网络文化之间的关系有着以下几方面表现。

首先，两类文化价值从区隔到融合。李普曼的“拟态环境”表明，互联网构建的是一个区别于现实社会的另类环境,并将网络文化与现实社会文化区隔开来,分别赋予了虚拟与现实的不同属性。但随着网络文化的日趋成熟,逐渐呈现出其独有的包容性,多元趋势也越发明显,现实社会文化逐渐溢出原本的社会框架体系之外,与网络文化进行交融,形成了一个整体的文化系统。

其次,两种话语符号从对立到互补。从意义表达的媒介符号来看,传统文化有着自身成熟的符号话语系统,网络文化的符号表达则显得较为零散与碎片化,没有系统的话语规则,具有与传统符号话语不同的表达方式与意义,两者在一定时期内保持了对峙的状态。但是网络话语符号的丰富与发展,在原本传统的话语符号中,添入了声音、图像、影响等多元的符号形式,这在较大程度上对传统话语符号进行了补充,使得网络的意义表达有了更为广阔的空间,为网络公共领域中的公众表达提供了更多选择。

最后,文化实践取向由区分到同一。现实社会文化能够包含丰富的实践内容,而网络文化则是主要由消费、娱乐所推动的,其文化产品的生产与传播往往以娱乐为取向,网络社会成为消费主义文化的重要实践场域。而随着网络文化内涵的丰富与拓展,网络文化逐渐淡化了消费主义取向,民主、权利等话语成为网络文化的重要词语,现实社会政治开始进入网络文化空间,政治参与、诉求表达成为网络行动的重要实践。在对于公共领域的探讨中,对于政治议题的关注,始终是构建公共领域的核心。在初始的网络环境下,缺乏对于政治议题的探讨,主要源于娱乐、消费议题的大面积覆盖,如今的政治议题添设,将大大助力于网络公共领域的形成。

三、文化规则的非对称性

在网络社会中,有着一套居于主导地位的文化标准与行动规则。"一定时空的任何社会在一定的时间内都有一套居于优势地位的主导价值和规范法则来作为其成员的行为指导准则。"[①]这套意识源于哈贝

① 董天策、梁辰曦:《究竟是"网络群体性事件"还是"网络公共事件"抑或其他?——关于"网络舆论聚集"研究的再思考》,载《新闻与传播研究》2020 年第 1 期。

马斯决定社会表现形式的“优越标准”，围绕这一标准，社会开始运转特定的文化模式。

网络文化一旦渗透到互联网的大部分领域中，它就可能被更多群体所接受，公众掌握网络中的文化话语权之后，则会以自身的价值与标准规范指导网络群体的意愿与行为。正如托夫勒在《权利的转移》中说：“世界已经离开了暴力与金钱控制的时代，未来的政治魔方将控制在拥有信息强权者的手里。”①

人们在网络社会中的任何网络行动及其秩序的形成，并不是任意、自发的过程，而是基于某种社会文化价值取向的选择，是压抑其他文化价值取向的过程。在这一过程中由于受到不同文化价值取向影响，公众会表现出不同的态度，网络努力运用其所拥有的网络技术、文化资源，对于人们形成一种文化意识形态的引导与控制。网络文化的价值观与标准开始发挥作用，人们的道德观、价值观、交往方式等无意识地发生着改变与影响，人们作为网络社会中的一员，当促成集体意识的时候，社会认同也随之形成，文化的认同来自自我和个人与所属团队之间的互动与谈判协商。

网络社会中存在着主流的文化体系，也存在着非主流，同时还存在着噪音与差异，正是由于价值观念、意识态度的差异性，使得平静的网络社会变得喧哗。在整个行为过程中，体现的是文化规则间的角力，各方的优弱势是各有不同的，进而呈现出非对称的状态，任何一类网络行为的出现与达成，均是这类非对称状态下的平衡结果，且每次出现的结果都有可能不同。网络公共领域正是需要这类不同意见与态度的表达，这为公共领域的建立提供了基础环境。

第二节　网络的场景要件

内生于网络中的公共领域，有着与现实社会中不同的场景，这取决于网络本身的属性。互联网中充满了丰富的符号与多样表达，使得网

① 托夫勒：《权力的转移》，刘红等译，中共中央党校出版社 1991 年版，第 105 页。

络社会成为一个喧哗的场所。网络主体的身份边界的模糊，打破了人际交互的空间场域，信息技术的变革派生出多元的互动工具，为彼此间的交流与互动提供了便利，营造出了新的公共场景，在这一场景中个人身份、表达形式具有其特质。

一、身份的自我形塑

乔伊斯在《网络行为心理学》中认为，在线生活是发展个体自己期望的个性或意义表达的有效工具，网络是一个很好的角色扮演平台，为公众提供了建构自我身份的场所。[①] 互联网提供了“可能的自我”，“可能的自我”是人们思考自我的潜力与未来的方式，是人们对于理想自我的构想。公众可以在网络上最大程度地优化自我展示，比如被某个网络社区或群体所接收，这将直接激活一个期待的可能自我(成为一个受关注、受欢迎的主体)。这类自我角色扮演不仅源于个人生活的现实生活经历，而且也促进了将在线经历迁徙到离线的事件之中。可见，网络中的行动主体有着强烈的角色扮演需要，并试图通过网络来重塑自我并争取更多的网络行动权利(参与权、话语权、动员能力等)，是一个较为美好的期望，但是在实现过程中并非一路平坦。

基于复旦发展研究院传播与国家治理研究中心的《中国网络社会心态报告(2014)》数据发现，在网络中的意义表达方面，现实社会中的社会底层群体有着最为强烈与经常的表达(66.67%)，其他则依次是商界精英(53.59%)、党政人士(52.26%)、专业技术人员和知识分子(47.89%)。由此可以看出，现实社会中的各类群体都将网络空间视为自己一个新的实践场所，并试图通过自我的话语表达来塑造自身在网络环境中的形象与角色。但各类群体在网络中的身份，是否会因为场景的不同而变得不同呢？网络是否能真正赋予公众在现实与虚拟中的身份差异？

通过数据分析发现，在网络中的角色扮演有赖于其所掌握的信息或群体资源，在微博平台上判定其资源掌握状况的重要变量是“粉丝量”，它决定了对象在网络中的角色状况。判定身份角色在不同空间中的差异，在真实世界中依据的是该个体的群体归类，而在网络中则借助

---

① 乔伊森：《网络行为心理学》，任衍具译，商务印书馆 2010 年版，第 127 页。

其粉丝量来判断其角色状况。通过两者之间的比较，来观察其现实与虚拟环境下，其身份角色是否存有不同，以此判断网络空间所赋予其的身份角色功能。

首先是因变量的选择。网络社会中的权利以信息为核心，网络中的结构状况与身份，主要依靠对信息的占有与分化。[①] 依照对于网络中权利的解读，选择微博的“粉丝数”为因变量，以此能够较好地表述群体在网络中的话语权利与资源状况。

其次是自变量。基于真实世界中的群体结构情况，划分不同的“群体类型”。“群体类型”变量为真实世界中的不同群属划分，分别为商业精英、专业技术人员和知识分子、党政人士、社会底层群体四类，为了简化分析维度，因而将前三类群体归并为非社会底层群体，由此形成了非社会底层群体与社会底层群体共同构成的二分变量。采用多元线性回归进行变量间分析，观察哪些自变量是其重要的影响变量。

最后则是控制变量。选择了开博月数、性别、年龄、教育程度、活跃度五个变量(表 3－1、表 3－2)。

表 3－1　样本基本情况表(N=1 177)

变　量	平均值	标准差
粉丝数(取对数)	7.857	1.807
活跃度(取对数)	3.799	1.129
开博月数	41.830	12.302

变　量	取　值	频数(百分比)
是否经常在微博上分享心情、宣泄情感	是	935(51.94%)
	否	865(48.06%)
性　别	男	933(79.27%)
	女	244(20.73%)

① 余梦月：《构建网络公共领域新秩序》，载《人民论坛》2019 年第 20 期。

续　表

变　量	取　值	频数(百分比)
年　龄	90后	102(8.67%)
	80后	616(52.34%)
	70后	259(22.01%)
	60后及以前	200(16.99%)
受教育程度	研究生	334(28.38%)
	本科	680(57.77%)
	大专	117(9.94%)
	高中及以下	46(3.91%)
群体类型	社会底层群体	188(15.97%)
	非底层群体	989(84.03%)

表3-2　基于"粉丝数"的多元线性回归分析

变　量	模　型
	系数(标准误)
控制变量	
性别(男=1)	0.177(0.104)
年龄(60后及以前为参照组)	
90后	−1.134(0.184)***
80后	−0.804(0.124)***
70后	−0.191(0.136)
受教育程度(研究生为参照组)	
本科	0.017(0.471)
大专	−0.123(0.168)
高中及以下	−0.204(0.249)
活跃度(取对数)	0.569(0.038)***
开博月数	0.024(0.003)***

续表

变量	模型
	系数(标准误)
解释变量	
群体类型(非底层群体=0)	
社会底层群体	-1.406(0.127)***
截距	5.598(0.255)***
N	1177
R^2	0.370 8
Adj - R^2	0.365 4

以"粉丝数"为因变量进行多元线性回归分析,模型的调整 R^2 为 0.365 4,说明该模型具有较强的解释力。结果显示,社会底层群体的系数为-1.406,在 0.001 的显著性水平上显著,即与非底层群体相比,社会底层群体的粉丝数对数平均低 1.406。现实社会中的底层群体在网络上的资源依然不及其他群体,由此可以表明,虽然网络可以赋予群体在网络中重塑自我角色的机会,但是其依然未能达到完全颠覆现实自我的能力。

究其原因,通过不同群体响应网络行动的群体边界分析发现,将职业群体类型与"响应哪类群体的行动号召"列联表分析,结果显示,二者显著相关($P<0.001$),除"其他"选项之外,商界精英响应比例最高的(50.57%)是商界精英的行动号召,专业技术人员与知识分子响应比例最高的(29.98%)是专业技术人员与知识分子的行动号召,党政军群体响应比例最高的(27.39%)是党政军群体的行动号召,社会底层群体响应比例最高的(22.82%)是社会底层群体的行动号召(表 3-3)。也就是说,不同群体的网络行为依然延续着现实世界中的群体参照,各类群体都是以响应自己的"圈子"为主,彼此之间存在着无形之"墙"。现实世界中的群体认同,并未在网络情境中发生实质改变,而是得到了进一步延伸与固化,网络中的集体行动难以真正突破"圈子"的束缚,传统的社会结构与身份在网络环境中依然难以撼动。

表 3-3 职业群体与响应的对象群体列联表(N=1 124)

响应的对象群体	职业群体				χ^2
	商界精英	专业技术人员与知识分子	党政军群体	社会底层群体	
商界精英	**50.57**%	21.17%	10.00%	18.67%	
专业技术人员与知识分子	11.36%	**29.98**%	14.35%	18.67%	
党政军群体	1.70%	0.21%	**27.39**%	0.83%	398.137 (P=0.000)
社会底层群体	4.55%	4.19%	6.52%	**22.82**%	
其他	31.82%	44.44%	41.74%	39.00%	
合计	100%	100%	100%	100%	
N	176	477	241	230	

现实与虚拟赋予公众更多切换自我角色与身份的机会,但网络环境下的角色扮演并非重塑,其依然与现实社会中的身份有着密切的联系,身份在现实与虚拟之间有着高度的重合性与一致性。网络公共领域中公众角色直接决定着话语表达的性质与内容,网络中的公众受到现实身份的影响,因而其表达有着鲜明的群体立场与态度,他们在网络中的表达基于现实社会中的实际经历,这保证了话语表达具有一定的现实性,更为贴近现实生活,而非立足于虚拟空间的夸夸而谈。

二、缺场空间的符号

空间是网络公共领域的实践基础,从传统的社会空间转移至虚拟的网络场景,网络构建了新的社会形态,新的信息技术范式为其扩张遍及整个社会结构提供了便利。

有关对"在场"与"缺场"的讨论,源于吉登斯结构化理论中对于空间的思考。他认为,现代性触发了人际社会关系的强化,这主要源于时空分离的可能以及脱域的存在。时空的分离使得社会生活有了无限空间、时间范围内的延展可能,为空间的重组提供了机会。[①] 脱域机制使

① 吉登斯:《现代性的后果》,田禾译,译林出版社 2010 年版,第 12-26 页。

得社会行动可以从地域化情境中提取出来，并跨越广阔的空间、时间去重组新的社会关系。[①] 在互联网环境中，人们不再秉承传统的“在场”模式，即受着地域、环境、时间等方面的束缚，而可以开始享有“不在场”所能带来的跨时空、地域的愉悦交互，即缺场空间。

伴随着互联网的发展，“缺场”逐步开始替代“在场”，成为人际互动所依赖的主要空间形式。“在场”已不再是人际交互的唯一条件，信息化、图像化、文字化已经成为现实生活世界中各类符号的替代，且在形式与内容上较现实生活世界中的符号更具丰富与多样。“缺场”较“在场”在空间特征、互动形式、符号表达上有着诸多差异，正是这种差异构建了“缺场”空间独特的框架图景。网络社会触发了社会空间的分化，“缺场”空间是一个特定场所，面部表情、具体环境都不呈现出来的空间，而是以信息流动、符号展示、语言交流与意义追求为内容的虚拟空间。究其虚拟性而言，并非真正意义上的虚拟，只是过往习惯了物质观察的人们转换了一个新的视角来再次认识这一熟悉的场景而已，从中不能见到熙攘的人群、高耸的楼宇、生动的面容，却能通过信息符号来进行彼此感知与臆想。以往人们曾尝试在“在场”空间中，通过故事、神话、传说来塑造虚实的空间，努力勾画着生动形象与情节，但是一直未能找到更为接近的有效方法。由网络信息符号所构建的“缺场”空间则弥补了这一遗憾，使得亿万成员参与其中，实现了沟通互动、认同凝结、彼此联结与信息传递，因而对于“缺场”空间的理解还需借助对信息技术、符号形式的掌握，这有利于对特定表象的区分，以求对于网络空间真实性与时代性的全面认识。[②]

网络的“缺场”空间作为社会空间分化中的一个层面，其主要内容是符号交流、观念沟通、意义追求与价值评价，这一切是广大成员表达现实生活世界中各类感性意识的过程，是感性层面的意识活动空间或知觉表达的表达空间，它突破了场所规定和边界限制的交流。在这一个流动的空间内，各类符号被组织起来成为空间的共同构成，支配着政治、经济与象征文化之过程的表现，成为网络化时代社会变迁

① 吉登斯：《失控的世界——全球化如何重塑我们的生活》，周红云译，江西人民出版社 2019 年版，第 32 页。

② 刘少杰：《网络化时代的社会空间分化与冲突》，载《社会学评论》2013 年第 1 期。

的支配力量。[①]

卡西尔曾经说过，人是符号的动物，文化则是符号的形式，人类活动本质上是符号或象征活动，在此过程中，建立起人为之人的主体性，并形成了一个充满符号的生活世界。[②] 米德也指出，人类的互动实则为符号的互动。符号在于网络“缺场”空间中的实践，需要搁置于一定的条件之下，可以归结为身份的可塑、文本的构建、共通的社会语境。

首先，是其身份的可塑条件，这是符号实践的前提。“在场”空间中的身份，受着自致性与先赋性双重影响。而“缺场”空间中的身份界定，跳出既定的框架之外，可以自由地拟定与遐想，身份标签变得更为灵活而多变。可塑化的身份界定，使得行动者可以在网络中实现不同的身份角色切换，从而实现多样化的符号运用与呈现。现实社会中的公共领域，公众有着特定身份角色，其行为受着角色规范的约束，更容易达成一致性的态度倾向。而在网络空间中，公众脱离了身份角色的约束，其行动与意义表达被搁置于一个更为自由的场所之中，因而较易实现多元而丰富的态度呈现。

其次，则是文本的构建。“缺场”空间中的群体会在彼此的交往中努力地塑造完美自我，这依赖于有效的印象管理。[③] “在场”空间中的印象管理实现，需要前台与后台的有效配合，进而精心策划着自我的外表、行为、态度，但是在“缺场”空间中，彼此之间相距千里、万里，无需顾忌现实外表、情境、姿势等多方面限制，只需调动文本的力量实现对于自我完美形象的塑形。现实社会的公共领域，究其参与的条件与资格，常常被定格于特定的阶层与职业，而这些群体需要在公共场所之中，努力维护自己的形象，以确保自身在公众中的印象。而在网络公共领域中，阶级、阶层的局限被冲破，在网络这一虚拟空间中的交流与交往，无需太多的顾忌与掩饰，通过符号的传递，即完成了公众对于自身形象的展示。

再者，是共同的社会语境，即意义表达的方式、内容与含义。“在场”空间中的人际互动，需要置身相近的文化背景、语言体系、地域范围

① 刘少杰：《网络化时代的社会结构变迁》，载《学术月刊》2012 年第 10 期。
② 卡西尔：《人论》，甘阳译，西苑出版社 2019 年版，第 154 页。
③ 欧文・戈夫曼：《日常生活中的自我呈现》，冯钢译，浙江人民出版社 1989 年版，第 8 页。

之内，彼此之间的互动在一定程度上受限于语境的约束。而在跨越时间、空间的“缺场”空间中，这种群体分化现象会进一步扩大，因而，建立起彼此都能理解的社会语境，显得尤为重要。

在网络的缺场空间中，其表达通过特定的符号媒介。依据其表达的具体与抽象程度，以及呈现形式，网络中的符号表达可以分为四类(图 3-1)。

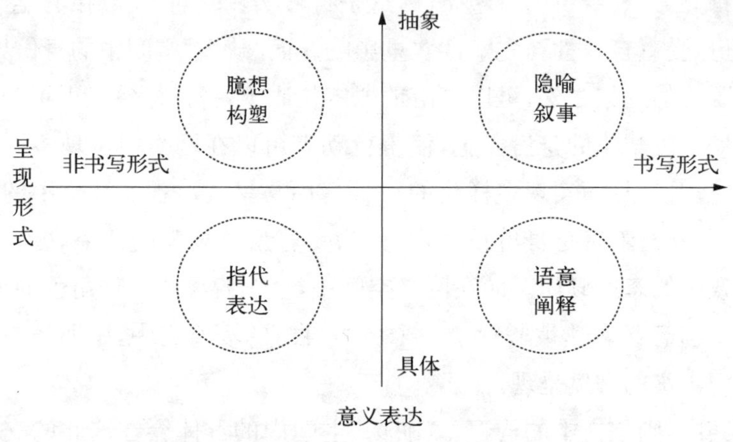

图 3-1　网络“缺场”空间中符号的综合分类

第一，由书写形式与抽象意义所构建的符号，在“缺场”空间中扮演着隐喻叙事的角色。例如一些特定的网络语言运用，如“怎么破”(怎么解决)、“手滑”(故意做的，却说是失误所致)、“上天台”(跳楼的意思)、“脑洞大开”(补充新知识)、“不造”(不知道)等。

第二，书写形式与抽象意义表达的组合。网络中的角色扮演游戏，其中的各类道具都是以非书写的形式出现，它们在网络空间中有着地位、权利、能力的象征，这些符号赋予了网络群体对于自我理想角色的构建冲动。

第三，非书写形式与具体意义表达的结合。如微博实时拍摄的照片、各类 Instant Messaging(实时通讯)中的表情，以及广为流传的图片与图像等，都成为表达心情、状态的有效工具。信息的接收者可以从有限的符号中，解读出丰富且真实的内涵。这些符号被组合起来，通过指代的形式，实现着自我真实意义的传递。

第四，书写形式与具体意义的表达。这是最为接近现实生活世界中的符号显现与意义表达形式，只是在形式上发生了变化，语言变为文字性叙述。

现实社会中的公共领域需要为公众提供面对面的交流场所与机会，这是公众实现自由讨论与表达的前提条件。但是在互联网空间中，这种“在场”规则被打破，人们可以打破时空的界限来实现彼此的实时交流。同时，交流过程中可以用来实现意义表达的方式与工具也变得更为丰富而多样。空间、符号、意义表达等要素成为网络公共领域构建的重要条件。

第三节　网络的社会结构要件

互联网的出现，使得原有的社会生产、生活关系、权力关系被新的力量打破，与之相应的社会结构也发生了改变。在网络环境中出现了不同的社会群体与阶层，由此导致各类各类现象层出不穷。对于网络群体及其结构审视，是理解网络公共领域的关键。

一、网络社群的分化

网络社会中的群体呈现社群化趋势，近年来已成为一种普遍现象。在多元的网络社会中，不同人群往往具有不同的价值判断与诉求。网络社会与现实社会是一类对应的关系，真实世界中的异质性被带入这一虚拟世界，并在网络中建立起一种新的社会组织形式。网络社会的建立与分化，取决于占有信息资源的多少，续而构建了网络中的社会结构，不同的社群有着属于自身的独特群体文化与阶层文化。

网络社群的形成与分化，使得网络公共领域有了丰富多样的行动主体，彼此之间的差异性使得意义表达变得更为多元。现实社会中的公共领域，有着鲜明的群体划分，虽然被努力地掩饰与淡化，但依然未能抹去其群体化、阶层化属性。搁置于当前的网络公共领域来看，群体化、阶层化并未因为虚拟性而消失，其依然存在于公共场景之中，这也为网络公共领域的实现奠定了条件与基础。

二、社群的链接动机

随着社会的多元化发展，充斥在社会生活中的不同思想潮流日益增多。比较于主流文化而言，在文化权力上处于弱势地位的亚文化，正在广泛崛起并成为势不可挡的追求，它的兴起迎合了不同网络社群的需求。同时，也是各类群体属性与特称的展现，赋予了网络社群更多的文化权利，使其能更好地参与网络公共领域，成为其中的重要一员。主流文化与亚文化之间存在着不同的价值取向，虽然他们在网络中实现着共生，但依然会出现激烈的文化竞争与冲突，各类社群不同的观念与态度，使其有不同的表达形式，由此构成了不同群体在网络公共领域中的讨论议题。

在政治领域，由于网络信息传播的便捷性，网络社群中具有舆论能量的"意见阶层"，形成了有现实影响力的"压力集团"。网络公共领域作为一个意见集合场所，成为社会多元意见与利益的黏合剂，同时也成为不同文化群体的区隔力量，彼此之间的争论，显现了不同社群的力量以及阶层地位，他们通过网络这一公共场所来实现自我的意义表达、权利获取与身份地位。

在社会领域，不同的社会资源拥有者在现实社会中有着特定的地位与身份，他们期待在网络中依然能占据与现实社会中相类似的地位，享有相应的权利，因而他们在网络中更乐于与有相同背景、地位的网络用户或群体交流，以强化他们在网络中的群体地位或阶层位置，由此推动了网络中社会结构的形成。因而在网络中的社群，有着与现实社会密切的联系，网络中的社群行动与态度，是对于现实社会的真实透射。网络公共领域中的行动主体并不是脱离现实的，其有着稳固的现实基础。

三、社群的分层特质

网络社群的分层标准，有着与现实社会所不同的参照。凡勃伦在《有闲阶级论》中指出，消费、劳动方面的文化差异，是群体分层的依赖。[①]布迪厄认为消费是一种文化实践，是"惯习与品位"的显现，不同阶层的

① 凡勃伦：《有闲阶级论》，甘平译，武汉大学出版社 2014 年版，第 410 页。

成员正是依靠这些进行区分开来。[①] 韦伯则从权利、财富、声望三要素，实现群体的分化与分层。[②] 在互联网中，传统的分层标准已不再适用，取而代之的是对于信息资源、话语权利的关注。

网络社群的分层一旦形成，则具有相对的稳定性，这不仅反映在现实社会阶层中，同时也投射在网络之中。不同网络社群或阶层身份的文化品位、价值取向形成，具有一定的长期性，不同社群或阶层的成员，有着不同的文化背景，他们常常习惯于按照本阶层的特征来进行交往，表明自己的身份与他人之间的不同。网络公共领域中的社群，一旦其群体身份得以确认，他们则会保持稳定性，并在日常的公共生活中表现出鲜明的群体态度与意见。

网络文化的不断发展与变化，使得不同网络群体与阶层之间的文化也在相互影响、相互交流，齐美尔提出了"时尚"概念，认为时尚总是具有阶级性的，他们一方面努力通过时尚维系自己的圈子，培养自身与外部之间的差异性。外部群体为了消除差异，就会复制或模仿其他群体或阶级的模式。[③] 在网络公共领域中，作为某一类特定的群体象征往往会被不经意的打破，这源于其他群体的介入以及模仿，这显现了文化的流动性，使得原本稳固的格局被重置，群体与公众不断选择着符合自我诉求与需要的文化取向，以更好地参与公共场景。

第四节　网络的政治要件

论及公共领域，绕不开对于权利、民主、话语、意识等方面的提及，在对于传统公共领域的讨论中，政治是主要的核心，其占据了公共域的大部分，诸多的研究也是围绕于政治所展开的。

"当一类新媒体出现时，总是伴随着此类媒介改变着政治的主张。"[④]

① 布迪厄：《实践感》，蒋梓骅译，译林出版社 2012 年版，第 134 页。

② 韦伯：《经济与社会》，阎克文译，上海人民出版社 2010 年版，第 532 页。

③ 齐美尔：《货币哲学》，陈戎女等译，华夏出版社 2017 年版，第 233 页。

④ 胡泳：《众声喧哗：网络时代的个人表达与公共讨论》，广西师范大学出版社 2008 年版，第 14 页。

互联网的出现改变了人们的日常生活形式，催生了一种新型的政治现象，即网络政治，它促进了公众对于民主、政治的参与热情。政治已经嵌入于网络环境之中，成为网络公共领域中的一个重要元素。

一、网络政治的意蕴

互联网的独立意志构建了一个权力系统，并实现着与现实权力系统的并行与交叉运行。它的跨时空性、便捷性，加速了公众的信息传递与沟通。在现实社会公共领域中，公众对于政治的参与与讨论需要借助于场所、信息等诸多要素，而在网络公共域中，网络自身的适应性则提供了所需的一切，进而也促进了政治在网络中的发展与传播，其有着几方面的核心要素。

网络中的权力。权力的本质是主义以威胁或惩罚的方式强制制约或影响其他主体的价值与资源能力。网络技术的发展推动了以福柯为代表的对政治结构中权力的“隐形”作用机制研究，即“规训”与“惩罚”。[①] 在网络社会中，权力是流动的，它遮掩于“去中心化”的影像之中，从表面上看似少了规训的特质，但其构建了一个不易察觉与反抗的权力体系。现实社会中的权力蔓延至线上，但是网络空间中的权力较为脆弱而需视情况而定。[②] 这些被符号化了的权力，通过全球的媒体和信息通道遍及了世界各地。当这些符号化了的权力流动时，既可以把自己展示给公众，也可能遭到暗中破坏。[③]

网络民主。民主是网络时代公众以互联网空间为主要活动平台与场所，进而进行自由的意义表达与政治参与，其目的在于影响民主化进程，这是一种新型参与的民主形式，克服空间、时间的限制，使用信息和网络交往，努力实践民主，这对于传统的政治实践来说，并非替代而是丰富。[④] 伴随网络公众参与度的提升，公众的民主意识也在不断高涨，

---

① 福柯：《规训与惩罚》，刘北成等译，生活·读书·新知三联书店 2012 年版，第 232 - 237 页。

② 斯各特拉什：《信息批判》，杨德睿译，北京大学出版社 2020 年版，第 58 页。

③ 查德威克：《互联网政治学：国家、公民与新传播技术》，任孟山译，华夏出版社 2010 年版，第 8 页。

④ Thompson, *Political Scandal*: *Power and Visilolity in the media age* (Cambridge: Polity, 2000), pp.246 - 248.

自由、平等成为网络公共领域中的环境主题。但是在喧嚣的网络环境中,也会出"情绪化""失序化""泛民主化"等问题,网民公共域中的民主,对于公众而言有着双向性影响,既能实现促进,也会形成消减。

网络话语权。公共领域离不开话语交流,网络社会为公众的交流提供了交流的场所,也拓展了话语权力使用与争夺的空间。网络话语权是不同网络群体与阶层在网络互动中的意识形态、价值观等符号的权力与影响力。[①] 卡斯特提出:"政治必须架构在以电子为基础的符号媒介之上,这个事实对政治行动者、政治过程与政治制度有着深刻的影响。媒体网络里的权力与体现于这些网络的语言里的流动之权力相比较,乃是第二位的。"[②]网络政治最大的影响力来自媒体中的"话语",网络的一个重要特点是平等性,即表现为人人都有机会对各个层面的公共事务发表自己的意见,表达自己的话语意义,这种权力对于参与网络中的公众而言,没有个体上的差别,只要具备基本的网络技能即能实现对于政治的参与。

二、网络民意的自由表达

越来越多的公众表现出对于网络政治的关注,使得网络公共域的意义表达变得丰富与多样,特别是那些在现实社会中缺乏渠道的公众,网络为其提供了一个实现自我表达机会的场所,使得原本远离于他们的政治场景,变得无限接近,成为他们参与社会交往、分享意见、参政议政的前沿阵地。

现实社会公共领域中,人们的集聚与意义表达,常常是以特定的事件或背景为线索的,各类意见的表述往往被限定于具体的场景,在现实政治场景中,公众的讨论更符合于社会舆论与舆情特征。而在网络公共领域中,舆情的身影依然明显。但是其融入了更多民意的表现,这是跳出于具体事件或背景所考虑的,它有着与网络舆情的相似性,但又不同于网络舆情。[③]

---

① 邓海林:《新时代网络空间治理及其文化秩序建构》,载《江海学刊》2019 年第 3 期。

② 卡斯特:《网络社会的崛起》,夏铸九等译,社会科学文献出版社 2016 年版,第 174 页。

③ 郑雯、桂勇:《网络舆情不等于网络民意——基于"中国网络社会心态调查 2014"的思考》,载《新闻记者》2014 年第 12 期。

网络民意使得公众能脱离于事件而独立思考，网络为其提供了一个倾述与表达的场所，公众可以是独自的留言、评述与发布，也可以是通过与他人的交流来实现，其能够表达更为真实而完整的态度，这使得网络公共领域中意见与内容能够得以更好的呈现。

网络民意依托于互联网技术，以网络空间为平台，通过网络手段表达愿望与诉求。它不仅成为社会民意的晴雨表，更以其强大的社会舆论影响着政府决策和社会治理。原本网络公共领域的意见表达存在层级化区隔，而在网络空间中，这种区隔被得以打破，使得多元主体之间的对话变得透明而直接，而且其意见可以在不同层级的主体间实现传递。

依据《中国网络社会心态报告(2020 年)》的数据发现，2020 年来网民关注度较高的社会议题归纳为金融风险、脱贫攻坚、环境保护、房价、户籍、医疗、食品安全、就业、教育、养老、通货膨胀、外资/外贸等十二个。其中，脱贫攻坚、通货膨胀、房价是 2020 年网民关注度最高的三个民生议题，搜索指数整体日均值分别达到 2 796、2 562、2 354。

“通货膨胀”议题受物价涨幅和物资供应情况影响，官方回应有力降温。2020 年“通货膨胀”的搜索整体日均值达到 2 562，相比上年同期上涨 27%，成为除脱贫攻坚外最热搜的民生议题。“房价”成为年轻男性的重担。“房价”关键词的百度搜索指数与 2019 年同比下降 9%，但仍以高达 2 354 的整体日均值位于十二大民生议题的前三位。人群画像数据显示，“90 后”是对房价最关注的群体，占据 45.6%的搜索比例；其次是“80 后”，搜索占比 36.3%。从性别构成来看，男性占比高达 73.3%，是女性的 2.7 倍。

教育议题持续保持热点状态，“90 后”关注“考研”，“80 后”关注“小升初”。教育议题的搜索指数整体日均值为 1 876，未受疫情影响，与往年基本保持在同一关注水平。“90 后”在所有“教育”关键词搜索人群中占比最高，达 39.8%，他们最关注“考研”议题，相关搜索占全年龄段人群的七成；“80 后”最关注“小升初”，相关搜索占全年龄段人群的 55%。在所有搜索“教育”关键词的关注人群中，女性占据了 58%的比例，特别是在“小升初”议题上，女性占比 60%。

2018 年 7 月，中央经济工作会议首次提出“六稳”方针，其中包括稳外资和稳外贸。8 月，国务院办公厅印发《关于进一步做好稳外贸稳外资工作的意见》，提出要做好“六稳”工作、落实“六保”任务。数据显示，新冠疫情以来，外资外贸再次成为网民关注的热点议题，当年1月20日至3月31日，“外资＋外贸”搜索指数达到1 420，此后始终处于较高水平且显著高于2019年。“80后”和“90后”最关注此议题，在所有搜索者中占比分别为39.2％和40.3％。

医疗议题搜索指数稳定，“看病难”“看病贵”关注度下降，“90后”比“60后”更关注医疗。在疫情防控有序推进的情况下，我国整体上没有出现大范围医疗资源挤兑情况。“看病难”“看病贵”等关键词搜索同比分别下降13％和21％，显示我国“十三五”期间一系列医疗改革举措取得了不错的成效。有趣的是，在所有搜索医疗关键词的人群中，“90后”群体占比46.4％，位列第一；与中老年人更关注医疗的一般印象不同，“60后”占全网群体分布6％，但对医疗议题的搜索占比仅为3.6％。

疫情冲击就业市场，就业/失业相关搜索随疫情波动。与去年同期相比，“就业”搜索上涨22％，“失业”上涨40％，尤其是2020年4月至6月，呈现出多段搜索高峰。“90后”在所有搜索“就业”相关议题的人群中占比超过45％；“00后”在全网群体分布仅占10.5％的情况下，对就业议题的搜索占比达到22％。

养老议题搜索热度下降，全年搜索指数同比下降18％。“90后”在所有搜索养老的人群中占比39％，“80后”占比35％。作为独生子女一代，“90后”不仅在考虑父母一辈乃至祖父母一辈的养老问题，而且开始为自己的养老问题筹划。[①]

三、网络的政治参与

公共领域的核心力量在于，公众自主交流的领域中能够参与自由的理性辩论。依照哈贝马斯的解释，伴随历史性的公共领域崩溃，已经逐渐退入各自私人领域的公民，又一次以一种公共力量出现。[②] 不可否认互联网作为一种传播媒介，为自由、灵活的公共辩论提供了多样性

① 光明网：《2020年度中国网民最关注哪些民生议题?》，[EB\OL] https://m.gmw.cn/baijia/2021-03/19/1302175524.html

② Dahlgren, *The Internet and the Democratization of Culture*, Political Communication17, No.4 (2020): 335-340.

的场所。卡斯特在《网络社会：跨文化的视角》中描述道：

最近，我常常极力思考一件事，如果我们不能够熟练运用信息技术基础设施，那么我们如何在二十一世纪去组织民主，我试图弄明白该问题。如何拓展地方民主实践——在工作中以及在我们的邻居中——并把此精神传递到世界各地。[①]

根据《中国网络社会心态报告(2014 年)》数据发现，在被问及对于网络言论自由的态度时，各类群体表示“极度倡导”的为 12.97％，“比较倡导”的为 81.64％、“一般倡导”仅为 5.39％。可见在网络公共领域中的话语表达，公众表现出较为积极的态度，他们不是大众传媒理论假设的“沉默的螺旋”群体。[②]

互联网的公共场所将人们带入一个“大众麦克风”时代，给公众提供了一个广阔的话语空间，公众的话语权得到了充分释放，社会各阶层开始自由表达自身的利益诉求。网络的便捷性使得公众不必出门，即可完成对于各类活动或事件的关注与参与。克服了时空的阻隔，使用信息和通信技术的网络交往，努力去实践民主。

---

① 卡斯特：《网络社会：跨文化的视角》，周凯译，社会科学文献出版社 2015 年版，第 394－395 页。

② 诺依曼：《沉默的螺旋》，董璐译，北京大学出版社 2013 年版，第 3 页。

第四章 网络公共领域的行动图景

在哈贝马斯看来，公共领域的构成有着诸多要件，其中包括了公众主体、公共场所、公私边界、理性思维等。将其置于当前网络环境下，这些原本在现实社会中所适应的结构与行动，在虚拟环境下开始产生变化，这类变化并非是对于原本的全盘颠覆，其中有着延续，也有着变革。公共领域在新的实践空间内，焕发出自身的生命力，这是对于传统公共领域理论的再次审视，更是对于传统理论的补充与完善。

第一节　网络中的行动主体

置于哈贝马斯公共领域理论首位的要素是公众，他们是传统公共领域中的参与者与行动者，是公共领域得以存在的关键。对于“公众”的定义，即内生于成熟的社会系统之中，不为国家权力机关服务亦不受私人利益所限，在自愿基础上所组成的公民群体。他们具有独立的人格，能在理性的基础上就普遍利益问题展开讨论。值得注意的是，这种交往的前提并不以社会地位为基础。所谓平等，即在单纯作为人的平等，唯在此基础上，论证权威才能要求和最终做到压倒社会等级制度的权威。[①]

① 彭利群：《论广义公共领域的内涵、类型与价值》，载《学术界》2018 年第 4 期。

在哈贝马斯笔下,“公众”有着三方面特征,一是自愿性;二是建立于普遍利益之上;三具有一定规模,规模的大小依据普遍利益的覆盖范围以及程度而定。公众的个体有着流动性特征,这主要源于公众利益的性质变化。

在人人都是主体的网络空间中,话语权力不再仅仅属于精英群体,微博碎片化的话语表达方式,吸引了各类群体加入这一开放的场所,公众群体变得复杂而多样,演化而出了诸多新特质。

一、行动主体的扫描

基于《中国网络社会心态报告》2014 年版数据(1 800 个样本量),对于网络环境下的公众进行多维度的观察,分别为年龄、地区来源、身份结构、教育程度、阶级位置、社会地位感受等方面。

其一,年龄分布方面。“50 后”及以前群体只占了总体的 4%、“60 后”群体占了总体的 11%、“70 后”群体占了总体的 18%、“80 后”占了总体的 44%、“90 后”则占了总体的 7%。可以看出,图 4-1 总体呈现出橄榄形结构,“50 后”“60 后”群体与“90 后”群体成为了两极,在数量上相对较少。而“70 后”“80 后”成为网络公众的主体,特别是“80 后”,其占据了总体近一半的份额。

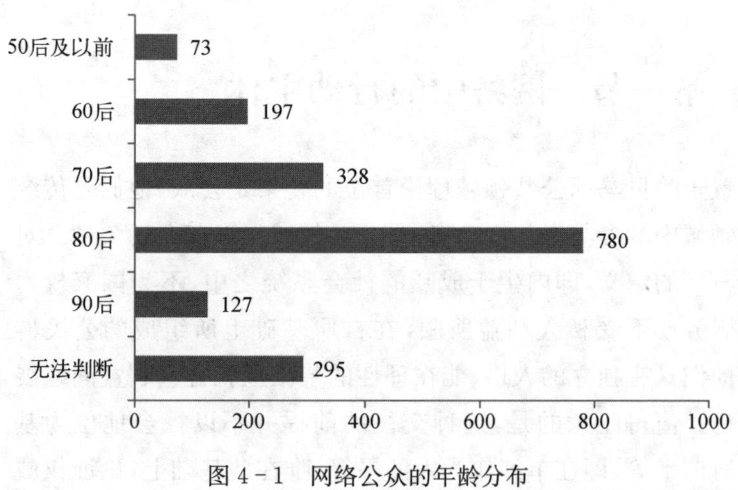

图 4-1　网络公众的年龄分布

不同的群体年龄结构构成,反映一代群体的主体特质,在其讨论的议题与观念呈现中,无不充满了鲜明的时代特征。依照推算,“70 后”

“80 后”群体的年龄介于 30—50 岁之间，他们所经历的事件，以及所接受的信息是最为纷杂的，在意义表达上有着丰富的选择。同时，他们还需要面对来自生活、工作、学习等多方面的压力，因而这类群体有着深刻的社会感知。他们渴望拥有一个表达与叙事的空间，以此来宣泄与表达自我的情感与态度，网络空间则为其提供了一个优质的场所。

在传统的公共领域理论中，群体年龄并非呈现年轻化，这主要源于参与的公众往往是贵族与权贵，“数字鸿沟”直接决定了他们的年龄结构，往往都是较为年长的群体。而在网络环境中，这类年龄结构状况被得以打破，年轻化是网络公共领域的主要特质，这也是公共域保持活力的主要源泉。

其二，地区来源方面。从网络公众的地区来源来看，表 4-1 所示，位列前五位的分别位北京、广东、上海、浙江、江苏，主要为一线城市以及发达经济带城市为主。以往所强调的“数字鸿沟”在此依然有着显著的体现，即地区的发展状况、信息化程度，与公众参与网络行为有着密切的联系。一些发展较快的区域，其信息化程度也较高，这为公众的网络参与提供了诸多便利。同时，这些城市的公众，相较于其他城市公众，有着更多的信息摄取机会，从而不断地拓展自己视野，更容易接受新兴的事物，并乐于参与其中。

表 4-1　网络公众的地区来源

地　区	用户数	地　区	用户数	地　区	用户数
北京市	436	安徽省	38	山西省	10
广东省	249	辽宁省	35	贵州省	10
上海市	193	天津市	33	海南省	10
浙江省	94	河北省	24	香港特别行政区	7
江苏省	90	云南省	22	吉林省	5
山东省	88	新疆维吾尔自治区	21	青海省	3
四川省	76	重庆市	21	台湾地区	3
湖南省	60	黑龙江省	20	宁夏回族自治区	2
湖北省	55	江西省	18	澳门特别行政区	2

续 表

地　区	用户数	地　区	用户数	地　区	用户数
河南省	52	甘肃省	17	西藏自治区	1
陕西省	41	广西壮族自治区	14		
福建省	39	内蒙古自治区	11		

在分析不同地域来源的同时，也可以看到，在微博这一网络公共空间之中，汇聚了整个中国不同区域的公众，有着强大的聚集效应。虽然，不同地区的公众数量有着差异性，但是其依然有着一定的代表性。在过往公共领域场景中，要在特定时间、区域中汇聚到那么多来自不同地域的公众，显然是难以实现的。而网络公共领域则突破了这一方面的局限，使其能在最短的时间、最广的范围汇聚到最广大的公众，公众的参与不再受到地域性影响，能够较好实现彼此的互为融合与借鉴。这类聚合性特征，进一步促进了广泛网络行为的发生。

其三，身份结构方面。依照网络公众的不同职业划分，结合社会分层标准，对于公众身份进行聚类分析。党政军、专业技术人员成为主体，两者数量占据总体的比例均为24%；其次则是知识分子，占了总体数量的19%；再次是社会底层群体，占了总体的15%；接下来则是商界精英与高资产人士(8%)、私营企业主与民营企业家(5%)、其他群体(5%)。

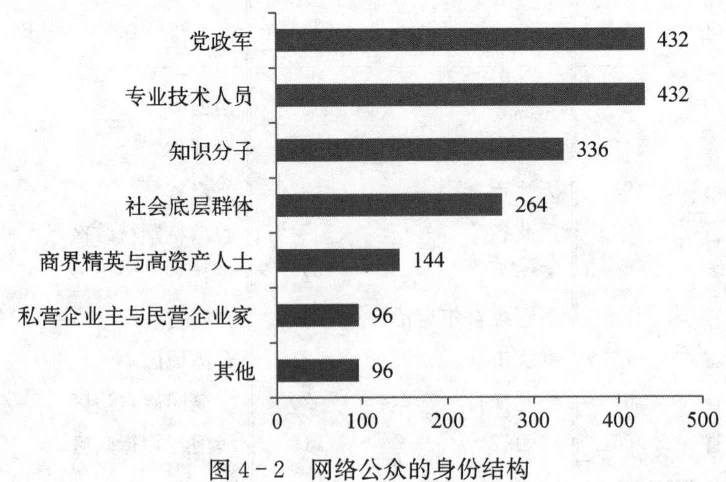

图4-2　网络公众的身份结构

公共领域理论历经了古典、近代与现代三个不同的时期，在不同的时期中，公众的身份构成也在不断发生变化。由初期的全民化参与（古典时期），过渡至代表型公共领域（近代）的权贵与贵族行使，再到市民社会的平民群体呼唤（哈贝马斯时期），公众的身份限定历经了一个不断反复的过程。但可以发现，在传统公共领域中能够掌握实质性话语权利的，依然还是那部分享有资源的群体，他们成为公共领域中的重要参与主体，虽然也会有其他各类群体的参与，但话语权也并不变。

而在当前的网络环境中，拥有行政力量、知识能力、专业技能的群体，成为了重要的行动参与群体，这一点与传统公共领域理论的传统相契合。不同以往的是那部分拥有财富的商业精英、企业主却未能成为主要的行动参与者，而确实那些非商业群体成为重要的行动者。形成此类现象的缘由是多方面的，其中不乏与讨论议题的密切联系。在微博平台上，所讨论的往往是那些公共事件、生活话题、观点意见等，这对于习惯了商业话语的群体来说，显得有些格格不入，他们难以从中获得实质性的收益。虽然其中有着商业的介入，但是其相比较于那些主流议题来说，依然显得势单力薄。而这些议题却是党政军、知识分子、专业技术人员以及底层群体所关注与擅长的，他们的共同参与，构建了一个稳固的实践空间，各类群体都可从中可以实现自身的预期。

其四，教育程度方面。从网络公众的教育程度来看，如图 4-3 所示，位列首位的是本科学历，占了总体的 40%；其次是研究生，占了总体的 21%；再者则是大专（高职），占了总体的 7%。可见网络中所活跃

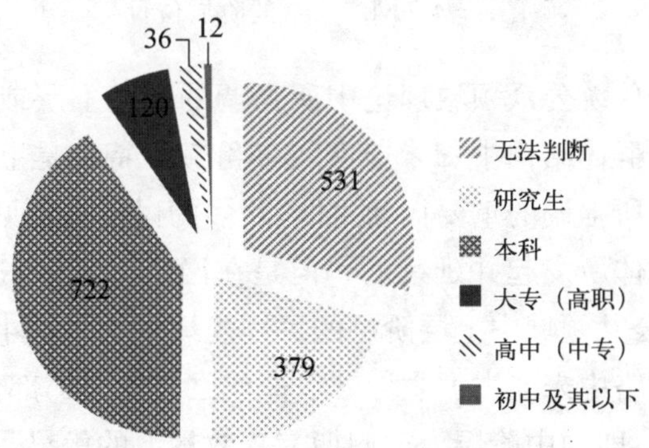

图 4-3　网络公众的教育程度

的公众群体，大多接受过良好的教育，具有一定的专业知识储备，这一点便于其能在日常的交往中实现自我的意义表达。

在过往的公共领域理论中，公众主体被限定于那部分有着知识储备、接受过良好教育的群体，因为这是他们能够实现讨论与形成意见的基础。在网络环境中，这类特征要素得到了较好的延续，这主要源于参与行动的基本需要。同时，网络的"数字鸿沟"在信息技术高速发展与普及的当代，依然有所存在，这在一定程度上阻碍了部分群体的参与，他们对于信息技术及相关知识的缺乏，限制了其参与网络讨论并表达自我的机会。

其五，阶层位置方面。通过网络公众对于自身阶层位置的调查发现，感觉自己为下层阶层的公众群体占了总体的12%；中下阶层群体占了总体的23%；中中阶层占了总体的39%；中上阶层占了总体的23%；上层阶层占了总体的1%。可见，中中阶层拥有着较大的群体规模，网络公众对于自身的阶层定位，还是较为中肯的，未出现极化现象(图4-4)。

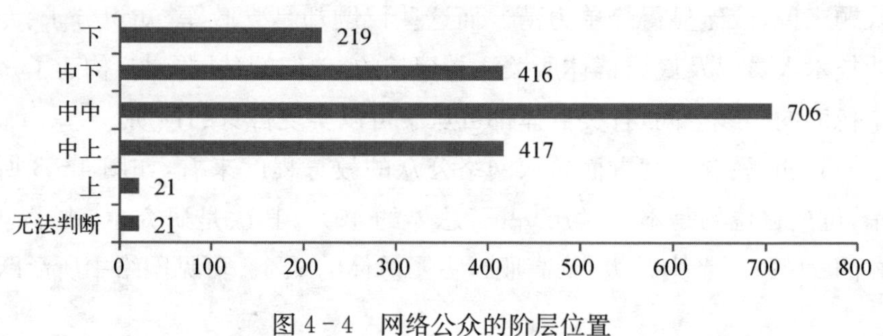

图4-4　网络公众的阶层位置

而相较于传统公众领域理论中所强调的那些上层或下层群体，在整个网络公众群体结构中却未能有较多份额。特别是上层阶层，这是以往公共领域所强调的重要行动主体，众多的讨论与意见表达，都是由这些阶层的群体所发起并延续的。但是在网络空间中，这些秩序被得以重写，网络公共领域中上层阶层的群体规模变为了最小，这一点说明上层阶层在网络中未能占据主导。取而代之的则是那部分最广大群体的意见与态度，即中中阶层。他们拥有者数量上的优势，且他们的关注点与意见也更具普遍性意义。

其六，社会地位感受方面。从网络公众对于自身社会地位的感受来看，总体呈现积极态势。其中感觉生活较为安逸的群体数量，占了总体的58%，其占据了大部分数量；其次，感觉有优越感的，占了总体的18%，再者，感觉较为消极的，即俗俚所说的“屌丝”“矮穷矬”占了总体的12%，只占了总体的小部分(图4-5)。

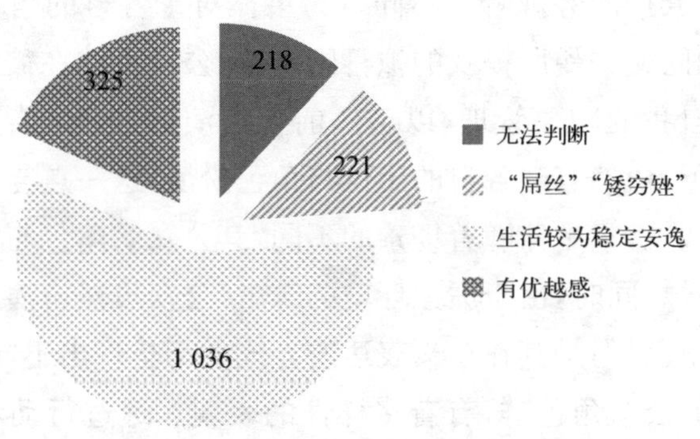

图4-5　网络公众的社会地位感受

在以往的公共领域理论中，行动的主体是那些权贵人士，他们拥有了丰富的社会资源，在生活、学习、工作上都占据了较大的优势，因为在其社会地位的感受上，也呈现出较为积极的取向，这有利于他们在公共场所内实现自由且自信的讨论。再观当前的网络公共领域，行动参与的公众虽然在身份、地位、收入、权利等方面有着诸多的差异，但是其所表现出来的感受取向，却都较为积极。这一态度取向的存在，直接决定着他们在网络空间所讨论的议题类型，或是积极，或是消极。

基于网络公共领域的公众，从年龄、地区来源、身份结构、教育程度、阶层位置、社会地位感受等维度，通过与传统公共领域中主体特征比较分析。可以发现，其中有着相同，也有着不同。这源于公共场景的切换，以及社会的发展变化，是内生于网络公共领域的创造与变革。传统公共领域理论在新的公共场景内，需要不断演变，以适应新的实践需要，展现出新的面貌。网络中的各类行动与行为发生，离不开各类主体者的发起，其多样化接影响着行为形式、内容与结果。从特质来看，相较于传统公共领域的呈现，已有较大不同，这也直接影响了网络公共领域本身的属性差异。

二、行动者的诸类型

在传统的公共领域理论中，参与公众的身份有着特定性，各自都有着相似与不同。在整个公共讨论的空间与过程中，每一个人扮演着不同的角色，以确保彼此讨论的延续，其中有人扮演主导者，也有人扮演附和者，也有人扮演旁观者。不同行为主体对于各自的角色进行着深刻演绎，就如同戈夫曼所提及的拟喜剧理论，公众主体在彼此的交往互动中进行着自我的印象管理，以确保前台表演的准确与精彩。[①] 公众在虚拟环境下，依然有着各自的定位与角色扮演，这一点与传统的公共领域有着相似性，只是伴随着场景的不同，其公众的角色与类型变得更为丰富而多样。同时，由于虚拟环境的缘由，公众虽然扮演着与现实社会中相同的角色，但是其在意义表达的方式上却呈现出不同，由此构成了一个繁杂的公众角色群，有着多样性的表现。透过行动者的不同角色属性，决定了其在网络空间中有着不同的行动指向。

类型一：潜水围观者

在传统公共领域中，有部分公众虽然参与了公共讨论，但是他们是边缘成员，在整个讨论过程中，只是在场观看或旁听，少有意见的发表。在网络公共领域中，也存爰着这类公众群体，被成为潜水围观者。明显的表现是“只观看，不表态”，在某个议题讨论过程中，他们仅仅为人数的规模上做出了贡献，而并未真正的参与讨论之中。在微博平台上，他们的行为主要是网页浏览、关注（围观）、转发，下载网上帖子或打开帖中链接等，并无实质性的态度与观点表达。

潜水围观者通常由两类角色构成，一类是对于事时政策格外关注者，对于社会思潮等特别关注，他们会表现出持续关注，对于赞同的帖子与信息会采取支持性行动，即“点赞”“转发”等，虽然其中未有文字形式的表达，但是这类行为已经能够表达其鲜明的态度与立场。另一类则是随意观看型公众，对于一个公共事件、政策只是匆匆而过，而非有意地关注，所以未能形成鲜明的态度与观点，他们不会采取任何的行为，表现出雁过无痕，只是在数量上有所增加而已。

① 戈夫曼：《日常接触》，徐江敏、丁晖译，华夏出版社 1990 年版，第 273 页。

潜水围观者在微博中，只是默默关注、浏览事件标题或其中的部分内容，这种关注形成了点击率与关注度。在对于对象的关注中，虽然有很多对象被关注，但是在这些关注者中不乏潜水围观者，他们从不交流、从不进行意义表达，这些公众在微博平台上也被成为“僵尸粉”。虽然这些潜水围观者缺乏实质性的表达，但是其行为已经形成一定的影响作用。首先，关注度、点击率已经成为互联网中对象与信息关注的一个显著指标，当另一个人在查看信息或对象时，历来的点击率、转发数、粉丝数都会对于事件或对象产生影响，虽然其中蕴含着诸多不鲜明的态度与表达，但是在数量上足以说明公众对其的关注热度，以此能够触发公众的共同关注，深化对于议题的讨论。另一方面，有些公众对于微博上的信息并不发表评论，但是他们会转发，促使信息被更广范围内的传播与传递。在其过程中，信息被不断地强化，在一定程度上能够增强公众对于事件或议题参与热情。由此网络的马太效应开始凸显，即点击量越多，就越容易受关注并被点击。

潜水围观者的存在是公众公共意识的重新整理，这正是一种公共参与或公共意识的觉醒与激发。网络中的潜水围观者与传统公共领域中的旁观者有着相同的角色特征，却演绎着不同的功能。对于传统的旁观者而言，他们存在于现实的公共场景之中，在参与讨论的过程中，如果未能实现自身意见或观点的表达，那么他们在此场景中的贡献也仅为数量而已。而在网络公共领域中，这些潜水围观者，虽然不评论、不发言，但是他们能表达与传播，即“点赞”“转发”等，用自己的行为而非语言来默默地表达态度，他们未能参与讨论，却起到了传播的功能。因此，这些被忽视了的潜水围观者，其本身有着潜在的影响力与作用，成为网络公共领域中不可或缺的部分。

类似二：随意发帖或跟帖者

在传统的公共领域中，有部分群体积极参与公共的讨论，但是其意见往往停留于数量之上，难以呈现其深刻性，只是表面的描述与评价。在网络公共领域中，也存在着相同的群体，被称为随意发帖者或跟帖者。他们一旦看到某种议题出现就表达自己的看法，并经常见到帖子就评论，随意发表看法。这类公众分为两大部分：一部分是具有较高的热情；另一部分则是随感而发，言辞中带有情绪，也有人称其为“灌水者”。他们关注于社会中的任何事件，并不乏敏锐的触感。但是其在意义表达过程中，缺乏了一定的深度，对于问题的分析与解读，仅仅停留于表面与形式。

在网络平台上，由于其具有开放性，任何信息都是公开的，每一个体都可介入，进行评论，这为随意发帖者或跟帖者提供了便利。他们可以在平台上自由地发表言论，而不受到太多的约束。所表现出来的特征，首先是乐于表达，并乐衷于网络上发表自我的看法；其次，对于事件本身的探讨，激发了他们实现自我意义表达的欲望；再次，在表达的时候，具有积极的参与意向，对社会生活充满热情，且思维活跃，花费大量的时间于网络浏览。这类群体主要还是集中于年轻人为主。

这类群体的存在，有其特定的角色意义与作用。首先，他们占据了网络公共领域的主要舆论场，积极地表达见解，努力揭示与批判当前现状。这类群体本身并不是一个固定的群体，在不同的议题引导下，由于受着对于议题的熟悉程度，其意义表达的深刻度也有所不同，他们在不断变化着自己的角色。在微博平台中，同样一个用户，在某些帖子的评价中，表现出“飘过”，或是草草几句评价，缺乏深度。而对于另一些帖子，他们对于问题的理解与解读，表现出深刻的评述，从而又转变成为专业解读者。随意发帖或跟帖者凭借着微博平台这一镜像，表达着自己的意见与态度，他们代表着公众，反馈了公众对于社会的真实看法。

其次，网络平台上的虚拟身份可以与现实中的身份有所不同，包括了性别、昵称、年龄等，匿名性、虚拟性使得公众无法确知发言者的真实身份，拥有相同意见的用户被划归为“自己人”，加之匿名灌水者，促使更加随意地发表看法，阅读帖子的网络公众不会刻意探究发帖者身份，只对观念进行评价，这使得观点持有者群体不固定。公众可以接收丰富的信息，且频繁沟通，构成了以议题、评论、观点为核心的社群，这对于社会构建有着积极的意义。

最后，从本质上而言，这类群体的意义表达，有着显著的感性化色彩，其中夹杂着情绪。虽然有时较为冲动，在表述时也不加修辞，却是真实的态度表现。通过对于微博平台的诸多评论分析发现，许多评论都是在较短的时间内完成，往往与发帖的时间间隔不长，可见都是在看帖子之后的第一反应。在评论中，更多的是价值与观点的判断，而非对于事件或信息的深刻解读，但是这一些足以为公众的讨论形成参考，因而这是公众真实的态度与情绪表达。在以往的公共场所讨论中，由于群体身份、在场因素等限制，彼此之间的讨论往往是深思熟虑之后的表达，其中蕴含鲜明的理性色彩。换之于网络环境下，这部分随意发帖或跟帖者则无需顾及，可以在更自由的环境中来表达自己，其意见也同样有着重要的实际价值。

类型三：理性讨论者

以上述的诸类公众不同，理性讨论者在发帖、跟贴、评论时，较少受到主流价值观念及社会思潮的冲击，具有鲜明的态度，在言辞之中少有感性、情绪化的表达。而且从不随意表达意见，总是基于深思熟虑。其内容不是泛泛而谈，而能够对于事件或信息进行深刻的剖析，揭示其本质。由于其鲜明的态度与深刻的内蕴，往往会引起其他人的关注，从而形成意见的核心。在传统的公共领域中，作为公开发表言论的核心人物，他们拥有着鲜明的态度、独特的见解，能有效地激发与引导公众群体的讨论。网络中的此类公众与其有着相同的特征，这也是公共领域核心公众的必备特质。

网络公共领域中有着不同层级的公众划分：处于边缘的潜水围观者，他们只是关注、不表达，未能真正参与；中间层次为随意发帖或跟帖者，即那部分参与其中，仅仅形成初步意见，未能融入核心群体或意见的公众，他们的表达内蕴着情绪与感性；最高层次，则是部分运用理性批判思维来进行深刻思考的公众，在整个公共网络领域中，他们的行动表达显得尤为重要，其本身也成了讨论得以延续的关键人物(图 4 - 6)。

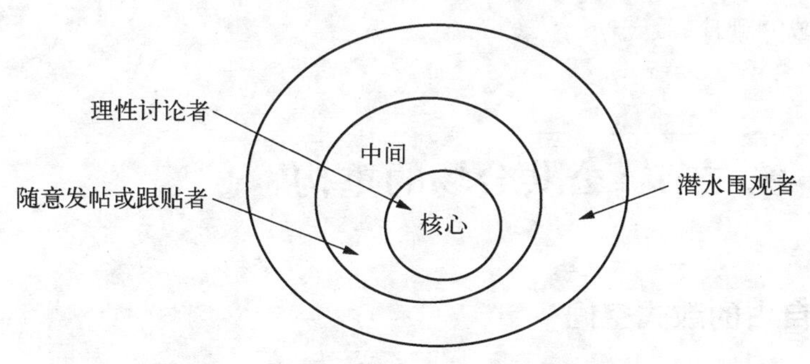

图 4 - 6　网络公共领域的公众群体划分

理性讨论者有着全面的知识储备，受过良好的系统教育，有着丰富的社会阅历，这几点是他们超越其他公众成为核心的基础。他们对于社会生活有着强烈的热情，具备有强烈的社会责任感，思维活跃，在网络中主要以中青年为主，言辞不乏犀利，但平和回转，不同于一般的感性表达。内容容易引起共鸣，并取得公众的一致性认同，从而成为公众讨论的主导者。

这些理性讨论者有着一些重要的表征，在内容上，他们对不熟悉的议题很少参与，不会出现舆论的“一边倒”现象，他们会借助自己的专业知识，对于事件进行多方面的梳理与诠释。在话语表达风格方面，强调准确、精炼、鲜明，表达较为内敛，对于事件的态度不仅有针对性，同时还会附上事实与依据。在思维视角上，他们不同于一般公众的就事论事，会用到推导、预测等方式，通过事件来进行未来判断，从而使得讨论更具前瞻性、深刻性。

在整个网络公共领域中，理性讨论者的公众数量相比较于其他类型公众较少，但是他们占据了公共场域的核心，发挥着重要的作用。强大的话语能量与权利，使其能较好地发挥监督作用，对于各类事件进行更为客观的剖析，从而还原事件的本质，引导公众走向正确的方向。在整个网络环境中，充满着丰富的信息，公众在众多的信息中会变得茫然，不知道哪些是正确或错误的。此刻，理性讨论者的出现，则可以较好地澄清事实，对于事件或信息进行完整而深刻的讨论，体现了公众讨论中的批判思维，这类批判思维是形成公共领域的必备条件与技能。

由理性讨论者、随意跟帖或发帖者、潜水围观者构建了网络公共领域内三类行动群体，其依照数量标准划分，形成了特有的圈层结构。不同群体的行为内容、形式与特征促成了多样化行动，共同维系着网络公共领域的秩序。

第二节　公共会场的重构

一、自由的敞式空间

各类行动的发生离不开特定的场所，网络平台所搭建的公共场所，相较于以往的传统公共场所而言，有着相同，也有着不同。相同在于，它提供了公众讨论的场所，彼此可以就不同的意见进行自由的畅想与交流，这一点并未由于场所的切换而造成影响。通过《网络心态报告(2014 年)》数据发现，对于网络话语自由表达极度支持的有 106 名，占了总体的 6%；比较倡导的有 667 名，占了总体的 37%，表示限制的有 44 名，占了总体的 2%；无法判断的则为 971 人，占了总体的 54%。可以看出在具有鲜明态度的网民中，对于网络话语自由表达普遍表现出积极的态度。同时，在表达的意愿方面，网络公众也有着强烈的表达冲动。在调查中发现，活跃的用户(过往两周内，转发与评论超过 5 条)占了总体的 50%；一般程度用户(过往两周内，有转发与评论，但不超过 5 条)占了总体的 25%；不活跃用户(过往两周内，无转发与评论)占了总体的 25%。总体而言，网络公众有着强烈的话语表达意愿。话语的自由、以及强烈的表达意愿，是推动网络公共领域存在与延续的重要元素，这是公共领域中内容产生的源泉。

谈及不同之处，是多方面的。其一，在于身份的转变。网络具有着匿名性特征，这一点使得公众有机会转换不同的身份加入网络场景之中，这是在传统的公共场所中所不能实现的。正是网络匿名性的存在，也促使了公众更能真实的表达自己，而无需受到太多现实生活中的约束与牵绊。其二，则在于话语表达形式的多样性。网络社会是由一个符号所构建的虚拟空间，在现实的环境中，人与人之间的交流通过直面的对话、姿势即可得以实现。在网络空间中，则更多地表现为通过符号来传递，即文字、图像等。在网络平台中，有一些交流是直接的表达，即通过评论、留言、对话。另一类则是通过想象的间接表达，则是通过特定符号、点赞、图像、@等来进行的，虽然没有直接表达意义，但是可以借助这些符号来进行解读与猜测。在网络环境下，公众的意义表达变化，不仅丰富了公共域的表达形式，也在默默地改变着公众的思维与行为方式。其三，去中心化的讨论。在传统公共领域的讨论中，离不开支持者与跟随者，总会有人成为意见的核心来主导整场讨论，而在网络中这种讨论模式却发生了变化。这并不意味着没有核心人物或角色，而是相对于传统公共场所而言，被削弱与消解了。在繁杂的信息中，每个人都成为核心，都可以成为聚焦的对象。在公共讨论中，并非完全需要借助于那些特定的核心角色或群体，自发组织起来的公众即可完成，这是对于原本公共领域讨论形式的颠覆，是社会自组织发展与壮大的表现。

新的公共场景出现，是对于原本公共域的延续与变革，有着对于传统的尊重，也有着对于新时代的顺应。互联网的发展使得公众的讨论场所变得更为自由，也使得交往的形式与内容变得更为丰富，它是一个完全开放，且场景化的空间。但其依然被限定于一定的规则、形式下进行，在网络中依然存在着无形的力量，包括官方监管与公众监督，共同维护这一新会场的秩序，确保公众的交流与沟通顺畅。

二、行动的发生过程

话语构建与意义表达是网络公共领域的明显标志，在这一新的会场之中，其意义表达的过程与传统也在有所不同，呈现出自身的特色。其发生的标准化过程如图 4－7 所示。

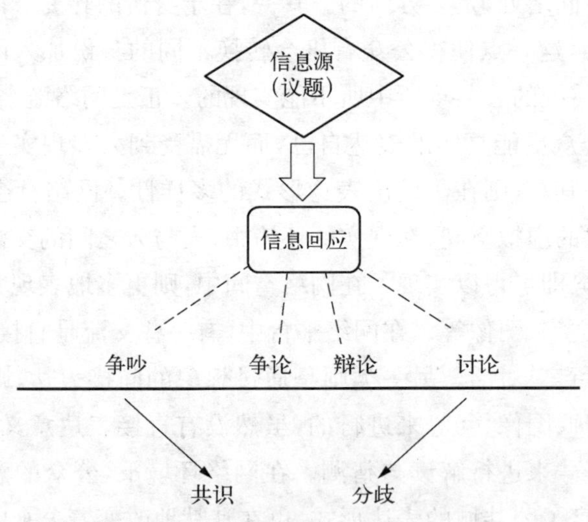

图 4－7　网络意义表达的建构构成

在微博平台中，先有人发起信息，平台上的公众依照自己的偏好，对于信息对于筛选，直到搜寻到那些自己感兴趣的信息，参与讨论，从而形成了众多人所共同关注的议题。这是一个逐渐汇聚的过程，就如同传统公共场所中的讨论召集一样。所不同在于，现实中的汇聚基础是以人、场所为基础的，而在网络中，则是以议题为基础的，它跨越了时空的局限，使其能覆盖的范围更为广阔，参与的公众更多。当形成议题之后，则是开启了一个众说纷纭的阶段，公众对于议题的不同回应，构成了信息流，其中夹杂着争吵、争论、辩论或讨论，在讨论的过程中容易形成共识，或澄清彼此的共识与分歧。

在这一话语交流领域的最低层面上，是没有经过深刻思考的自发性言论，是相对比较粗糙的判断或结论。近似于哈贝马斯所说的“文化自明的言说”。处于第二层面上的是讨论较少的个人基本的生活经验，即思考沉淀下来的社会震荡。处在第三层面上的是人们经常讨论的文化工业自明，是通过媒体不断灌输或不断加工的短暂结果。网络公共领域的话语构建过程，大致可以分为话题引出、进入阶段、争议表达、共识或分歧四个阶段。

首先是话题引出，网络公共领域的话题引出呈现不同的形式，网络论坛上的话题与议题是按照公众关注公共事务或社会事件出现而形成的。论坛上的话题与议题是参与者自主选择的，影响整个选择过程的因素较多，通常与社会新闻事件重复，或者与社会热点联系。虽然是一个议程设置的自发过程，其不易把握，但容易形成共识。微博中的话题、议题与论坛不同，很少带有“预谋”，多半是随性的意识流呈现，多半反映了公众对于社会状况的评价。可见，网络公共领域中的话题或议题，有着显著的社会背景，是对于公众现状的共同关注，但不同于传统的公共领域，它更具多样性、丰富性，也是随机形成的，而并非围绕着单一主题而聚合在一起。

其次，议题引入阶段。所有议题的切入与继续需要历经一个持续的过程，这个过程似乎随意或随机生成，有其自身的“自组织”路径。话题的起初是未预谋的，但是随着话题的深入，话题的走势会遵循一个不规则的路径，几经回转，又回到原本的议题之上。这个过程看似没有定势，但是这是一个不可替代的“法则”，如话题的“公共性”越强，那么话题成为核心的或主题的可能性就越大，诸如“延迟退休”“事业单位改革”“房产税设立”等诸多议题，它们直接关乎公众的利益，因而其更容易成为议题被深入探讨。

再次，争议表达阶段。在传统公共领域中，在场景中的讨论常常伴随着迎合与争执，且是面对面发生的。而转置于网络公共领域中，这类争执被符号所替代，而并非直面的争辩。网络中的话题一旦形成，评论就会纷纷扬扬，有时会出现争议。这些不同声音的存在，使得网络公共领域变得喧嚣与热闹。参与的公众在这一过程中，有着鲜明的态度，有时会带着情绪化的表达，与对立方“据理力争”，形成争论的态势，参与主体在较大程度上表现为一种宣泄与表达。

当每个人都在力争且不易被说服时，即进入了辩论阶段。不同观点层出不穷，各种见解之间直面交锋，包括对于对某些问题细节的质疑。在这个阶段，参与者增加了对于自己观点的反思，并主动思考对方的观点。这一阶段的表达，有时是理性的，有时却是缺乏理性的，处于网络舆论向网络公众舆论的过渡。在网络平台曾经也发起过许多著名的争辩，如“转基因食品的争论”等，都在网络空间中发起，逐步触发彼此的争辩，成为网络公共议题热点。

在哈贝马斯的公共领域理论中，有着真实、规范与真诚三个原则，其中对于真诚原则的讨论更容易让人认可与接受，那些彼此话语中充斥攻击、争吵的方式不被人们所喜欢。情绪化的话语少有回应，更多的参与者会关注、回应比较理性的讨论方式。夸张、不真实等非理性的言谈方式退去，逐步以理性的方式出现。

最后，分歧与共识阶段。当网络公共领域中出现讨论，实际上在辩论的时候就已经形成共识了，人与人之间一经沟通，共识就易形成。共识的出现，并非排斥分歧，只是在这一阶段，公众对于某类议题的讨论一经接近尾声，大部分的意见已形成了共同的指向，但是依然有不同的声音存在，它被庞大的民意所淹没，而不再引起大家的关注。

可以看出，网络空间为共同提供了一个宽敞、自由的行动场所，其行为相较于传统线下而言更为自由，但也需遵照线下的规则与制度，这是行动的根本底线与原则。在其整个发生过程来看，依照事件、热点或议题的提出，大多都会经历一个群体间互动的过程，期间存在争议、争辩，这就是舆论形成的全过程。在这一个过程中，思想、观点可以被分享与评价，看似杂乱无章，甚至会呈现出针锋相对的情况，但公众享有的表达的机会，在其过程中也不乏诸多有益的思想、观点产生，而那部分非主流或无利于公众的信息可被筛选或过滤掉。公众行动的最终结果，并非完全是走向一个极端的，存在着认同与分歧，这位行动者提供了保留与选择自我立场机会。总体而言，整个行动过程是一个积极有益的，较传统公共空间有了更多的促进互动、分享观点、立场选择的可能。

第三节　行动背后的思维范式

微博是网络公共领域的重要实践平台之一，其蕴含着公共领域的重要特征，由事件、内容所触发的公众讨论，历经了一个从无到有、由散到聚、由情绪发泄到理性思考的演变过程。传统公共领域内对于议题的探讨，需要借助于理性的批判思维之上，而搁置于网络之中，公民理性依然能够找到其身影，只是它的显现与发展会有所不同。

一、理性与非理性的辨析

对于网络中是否存在公民理性，一直存在着争议，对于公民理性与非理性有着不同定义。作为公共领域的重要要素，它的存在是公共领域得以实现与延续的关键，因而对其的观察与发现，显得尤为必要。

对于持否定态度的学者来看，网络中有着大量的攻击、谩骂、情绪宣泄、群体极化等非理性行为，正是这些非理性因素的存在，使得网络公共领域难以实现。持肯定态度的学者则认为，虽然有着一定的非理性行为，但是其并不影响理性的达成，通过对于某些网站、论坛的观察发现，近年来一系列的网络媒体事件，使得中国的公民性构建成为可能，理性是其重要的表现。[①] 有学者对于高校 BBS 进行了研究，认为论坛的言论是由非理性逐步上升至理性的行为。[②]

何谓“理性”？一是属于判断、推理等思维活动，二是从理智上控制行为的能力。从社会学角度来看，理性是指能够识别、评估实际情况以及使人的行为符合特定目的等方面的智能。网络中的理性可以分为不

① 师曾志、杨伯溆：《网络媒介事件与中国公民性的构建》，北京大学出版社 2017 年版，第 235－255 页。

② 刘大志、郁建兴：《网络理性何以可能——对“超大”论坛的案例研究》，载《浙江社会科学》2011 年第 4 期。

同的形式，首先是个体理性与集体理性，个体理性是指个人在网络活动中能否通过道德来规范自己的网络行为，在个体层面，网络理性可分为行动理性、认知理性与言论理性。行动理性与网民采取在线和现实行动时没有违背风俗习惯；认知理性是网民观点内容反映出自身认知客观公正；言论理性关涉网民在表达意见时的礼貌态度、心平气和，没有谩骂攻击。集体理性主要表现为一种网络社区整体上平衡与包容机制的完善与提高，以及网络社区进行自我管理的能力。

其次，形式理性与实质理性。这里所指涉的形式理性是指言论的形式是否符合社会主流规范，而实质理性则是指观点本身是否体现了良好的判断推理或自我控制。在网络公共讨论中，较容易发现嬉笑怒骂、语言偏激，但观点中包含着真知灼见，所谓"话糙理不输"。有人言语表现温和，但内容充斥着荒谬与无知。

最后则是论者理性与观者理性，从网路理性的立场来看，前者指网络发言者自身是否体现了反思、文明、包容与对话，后者指网络浏览者能够从网络言论中获得一种理性的认知。①

完成了对于网络理性的讨论，还需对网络的非理性行为进行再度的认识。所谓非理性行为，主要指涉参与者在讨论中的情绪化、过激观点，这些言论虽可能对个体或群体带来舆论压力，但多数情况下并不造成侵权，也不会发展为线下的行动，更不会对于社会稳定造成挑战。网络中的非理性行为为情绪的释放提供了便利，起到了重要的安全阀作用，使得社会不满情绪或不同观点有了表达的空间，避免了在现实生活中的爆发。

网络中的理性与非理性，有着各自的形式与特征，对于其深刻的认识，还需还原于真实的网络场景与事件之中。很多情况下，简单的评价某些行动理性或非理性都是非恰当的。因为网络行为背后的理性或非理性有时是相互融合、渗透的，并非是非黑即白的状态。

二、流变中的公众理性

微博，作为一个由主题、事件、内容所串联的公众行动平台，每时每刻都在发生着互动与分享。彼此之间的沟通，在简单的话语符号下即

① 邹新、贺祥林：《网络公共讨论中网络理性的缺失与构建》，载《理论月刊》2015 年第 3 期。

可完成，有时会转瞬而逝，有时却延续持久，这取决于卷入的群体数量、议题内容等多方面要素。在此以发生在山东招远的“5.28事件”为例，观察其由事件所触发的公众讨论，以及其内蕴的“非理性-理性”集体行动表达的转向路径。

事件的简述

2014年5月28日，山东省招远市一家麦当劳餐厅内一名女子被6名男女信徒围殴致死。该事件震惊了全国，从施暴者的凶残行径到无人施救的局面，从警方被指出警滞后到通报措辞受到质疑，事件在网络微博中引起了广泛的讨论，不同的意见与态度此起彼伏，成为一个重要的公众事件。相关部门的对于各类公众意见的应对，由之前的被动消极、杂乱无章，逐步演变为后期的主动积极、严谨周密。从而将碎片化的观点实现了聚焦，凝结成为全国上下统一打击违法犯罪的统一化论调。网络公共领域中的意义表达，由碎片化、非理性，转向于最终的聚焦性、理性行动。

初始阶段：非理性的端倪

网络公共领域中的群集行为与意义表达，往往源于某一事件相关信息的触发，即事件爆发的引子。事件的相关的信息经由网络迅速传播为一个公共议题，与此相关的论点与意见会快速聚集起来，以一种集体参与的方式展开讨论。

在网络公共领域的集体行为爆发期，网络公众对于事件的来龙去脉仅停留在“知道”阶段，在这一虚拟的公共空间中，参与者无需顾虑法律与道德约束，在缺乏传统“守门人”的便利条件下，凭借虚拟的身份畅行无阻，发表合理或不合理、正确或不正确的观点与意见。在网络集体行动的爆发期，网友的非理性或情绪化得到了放大处理，主要表现为更具煽动性、侮辱性或攻击性的言论。纵观招远“5.28事件”，整个过程历经了一个起落的过程，起初则是由非理性的集体思维与行动所主导的(图4-8)。

可以看到，对于事件的关注度与敏感度，网民明显高于传统媒体，这与传统媒介的单向灌输，公众的单向接纳是有所不同的。网络公众在网络空间中形成了强大的自组织力量，促成了自发的集体行动，对于事件本身进行广泛与深刻的讨论，这在较大程度上对于媒体报道方面

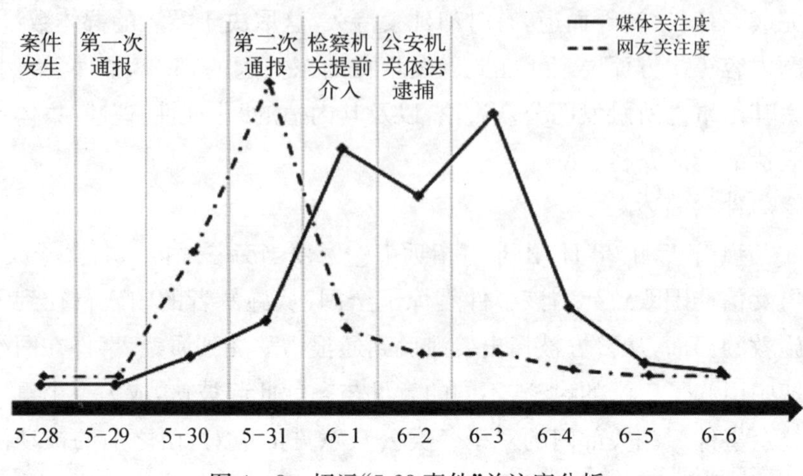

图 4-8　招远“5.28 事件”关注度分析

数据来源：法制网：《山东招远女子被围殴致死舆情研究》[EB/OL] http://blog.sina.com.cn/s/blog_beea2fa50101k4f9.html

提供了素材。在传统的公共领域中，公众在公开场合的讨论与意义表达，具有一定的局限性，其难以形成较广范围内的一致性意见，并进行传播。而在网络公共领域中，这种格局被得以打破，网络公众的快速集合，为初步的意见表达提供了便捷，从而促使媒体进行关注，进而从繁杂的意见中提炼出共性，并实现广泛的传播。

同时还发现，虽然公众对于事件有着较高的敏感度，但是其持续性不强。事件关注度在历经了初期的骤增之后，迅速下降，进而走向淡化。这一现象的出现，与公众对于事件所持有的态度、表达方式等有着密切的联系。在《网络心态报告(2014 年)》中，研究者对于招远“5.28 事件”也进行相关的调查研究，在对于事件表示关注的样本中，有 264 名(77%)网民持有表面关注的态度，而有 77 名(23%)网民则反映出深入观察与分析的态度。对于事件本身的深入程度存在着较大的差异，在事件的发生初期，往往受着非理性因素的驱动，快速形成了聚合力量，公众对其的关注仅仅是围观、闲聊而已，能够持续下去的网络公众则逐渐过渡到理性讨论。

与网民的关注度与发展路径不同，媒体有着后发式的表现，在初期并没有爆发式的传播，而是在后期得以了提升，而且表现为曲折性，有着两次起伏。对于媒体而言，他们在事件发生的初期，不依赖于非理性情绪与思维，由于受到制度、规范、社会影响等制约，他们需要从始端就进行理性的判断，从而给出符合社会规范的合理报道与论断，其整个过程是理性的、渐进式的，这与由网络公众自身所促成的发展路径有着很大的不同。

在事件初期，网络公众在公共域中的角色扮演，往往有着诸多非理性的表达形式，其表现为谩骂、集体反驳、言语攻击、恶搞、扭曲真相等。在招远事件发生的两天后，微博平台上的大 V、公众等都开始积极表达自己的意见与态度，意见倾向于对警方通报中的"因口角发生冲突""经抢救无效死亡""快速反应"等表述表示不满，从原本对于事件本身的关注，转移到了政府行为方面，引发了"警方与施暴者勾结"的不实评述。

@环球时报一度@山东公安厅官方微博称"网友叫你"，并督促其快速回应。@人民日报总结了网友建议，"期待披露更多信息，严惩凶犯，维护人道人心"，转评近 7 万次。

在事件初期，公众的思维逻辑受着自身情绪与繁杂信息所延伸开来，网络上所充斥的言语、臆想成为公众形成判断的依据，而并非完全来自公众自己对于事件的深度思考，其中的非理性成分成为主角。在纵观公众对于事件的解读，由于公众各自的情绪、观点不同，所以在微博平台上形成了各异的态度，这是集体行动中非理性的集中表现(图 4－9)。

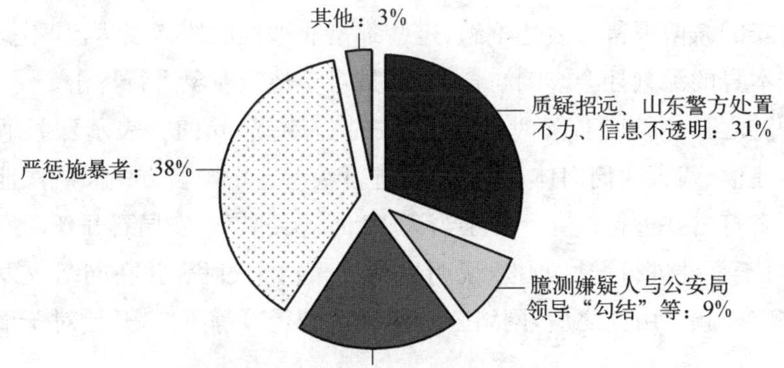

图 4－9　招远"5.28 事件"微博用户态度分析

数据来源：法制网：《山东招远女子被围殴致死舆情研究》[EB/OL]
http://blog.sina.com.cn/s/blog_beea2fa50101k4f9.html

网络公众的非理性行为表现，是参与者意见与行为的表达，推动着集体行动的进展，其内蕴着对于对象进行道德审判、发泄不满的直接方式。当议题触碰了社会已经构建的道德底线时，网络公众往往会采取自己的方式来进行申讨，而并非正式途径。[①] 在社会利益机制破坏，生活结构紧张，损害了稳定生活时，公众会自发的要求社会合理性，并投入反社会行动之中。[②] 在信息时代注意力成为一类稀缺资源，在众多的资讯前，参与讨论的公众以各种形式来吸引他人，其凭借的是非理性的思维与行动。[③]

发酵阶段：两类思维的交锋

随着事件的深入，以及公众意见在网络空间中的充分表达，网络公众逐渐开始冷静下来对于众多的声音进行梳理。此刻，理性的思维开始逐渐展露端倪，由此开始了与之前情绪化表达、非理性的交锋。

在传统公共领域的讨论中，理性一直占据着主导地位，这是公众用于争辩与批判的重要武器，在网络公共领域中，这类理性思维并非由始而终进行串联的，而是需要经历一个逐步转化与形成的过程，这与传统有着不同。理性与非理性思维的交互，实则是参与者转向于对客观、理论与专业的深度解读，摒弃对于表象的单纯拥护。

从招远事件来看，事件发生于 5 月 28 日，但是舆论与公众表达却在两天后出现了爆发式增长，在 30 日当前，@环球时报发布微博@山东公安称："作为人民政府部门，你们有责任尽快回复!"还有众多公众@山东公安的微博下留言表达不满，这些都是非理性的情绪表达，其不探究事件本身的深刻社会影响与含义，而是对于特定对象进行抨击。

随之，5 月 31 日 12 时许，@公安部打四黑，除四害表示邪教通过散布迷信、残害人们肉体、不择手段进行敛财。中国警方一如既往地进行严肃打击并进行追究。并于当天 17 时，招远市公安局召开新闻发布会，对于事件进行详尽通报，说明事件发生的全过程，并在网络上发布了完整视频。由此之后，网络公众的讨论变得冷静下来，开始对于事件

---

① 艾玲：《重塑意见领袖，优化网络公共领域——社交化媒介时代的网络舆论机制研究》，载《出版广角》2019 年第 5 期。

② 王海光：《旋转的历史——社会运动论》，上海人民出版社 1995 年，第 213 页

③ 朱媛媛：《如何有效治理网络公共领域》，载《人民论坛》2018 年第 23 期。

本身的性质、影响进行讨论。过往的那些激烈言辞、谩骂、指责开始逐渐少了下来,进而趋向于平和。

网络公众领域中理性与非理性的交锋结果,最终将会由理性占据上风。随着讨论中的总体理性趋向,越来越多的人开始接受理性的思维与观点,其立场也开始发生变化。这种变化的起初并不是公众的集体行动所引导的,而是网络公众的个体行为。但当个体的转变影响到更多的公众时,理性的因素也开始在集体中逐渐蔓延开来,从而形成公众一致的思维方式与行为。

平息阶段:理性的工具性运用

经过两类思维与行为的交锋,那些理性的观点与行为越发强大,淡化了那部分非理性的色彩,网络公众开始更多地接受新的思维方式,进而在表达与观点上出现了变化。

@沫沫 1215:凶手必然受到法律的严惩,希望受害者安息,家属节哀。

@如理 32:发现重要线索后上报,这个处置本身并无问题;就算派出所离案发现场很近,视频证明 4 分钟到达现场,也算很快了。

@红杉树:严惩邪教组织,为维护社会安定有序而努力,我们需要认真反思当前的社会治理与长治久安。[①]

在理性的作用下,网络公共领域中的讨论变得井然有序,每一条发言与意见,都蕴含了对于事件以及当前社会诸多现象、制度的思考,这与之前的以讹传讹相比较,杂乱无章有了较大的改变。在理性思维引导下,公众的意义表达变得有所集中,主要体现为社会治理、危机处理等方面,这是对于事件的综合概括与深刻思考,不同于非理性阶段的无序建构与表达。

理性思维与行动是公共领域中的重要元素,它推动着网络公众对于事件或议题的深入,也影响着网络集体行为的形态。它的作用体现在抑制非理性的思考与行为,理性的公众通过对于客观、专业的分析来否定非理性的那部分不合理之处,或是从更为专业的角度给予诠释。

---

① 人民网:《招远 5.28 故意杀人案舆情分析》[EB/OL] http://yuqing.people.com.cn/n/2014/0610/c210114-25129414.html,2014-06-10

其次则是探讨事件或议题的本质,解释其完整图景与暗含的利益诉求。网络公共领域中的诸多大规模讨论,都是源于个体感到现有制度不能满足自身的需要或不能在这个制度有效寻求自己目标。[①] 随着网络公众对于议题的讨论深入,从非理性的观点过度到一种理性、专业的观点来参与讨论,理性能够揭示出事物发生的根本原由,梳理出所涉及的各方利益,从而寻找更为恰当与有效的解决方案。因而,在网络公共领域中,网络公众内蕴的理性思维是必不可少的,它是网络公共领域得以延续与存在的关键,只是其在出现、演变、发展等方面,与传统公共领域中的理性元素有所变形。

① 秦彤:《从范美忠事件看网络集体行动》,载《法制与社会》2008 年第 12 期。

第五章

网络公共领域的功能发挥

网络公共领域与传统公共领域有着不同的功能实现，不再拘泥于政治、舆论、公共场景等简单要素的叠加，而是在其之上的不断延展。通过对于微博、微信的细致观察发现，公众在网络环境之下有着众多的议题讨论，涉及了日常生活、政治、文化等多方面，他们在网络上的行动有着多样性的指向，这是他们运用网络公共领域实现自身诉求的重要表现。网络公共领域在接纳公众需求的同时，也在努力通过功能的实现来进行积极的反馈，其主要的功能主要体现在政治参与、社会治理、社会认同、信息整合和商业价值五个方面。

第一节　政治参与功能实现

一、“国家-社会”的融合

论及公共领域，离不开对于政治的关注，这是传统公共领域理论的核心。在网络公共领域的实践场景中，政治依然有着较为显著的表现。国家意志与社会全民的意志应该是一致的，国家的利益与全民的利益，就是全社会的利益。哈贝马斯曾论述道：“国家是公共权力机关。它之所以具有公共性，是因为它担负着为全体公民谋幸福的使命。”[①]但是在常态化的“国家-社会”关系中，存在着国家意志概念与社会意志不一致的状况，这主要发生于激烈的社会转型时期。公众的需求变化，触及了人们的价值观变化，这一变化未能及时地注入于国家的意志之中，原本的国家意志与已经变化了的“公共性”之间出现了不协调。由此会有公众提出意见、建议，努力让国家看到已经变化了的“公共性”。在传统的场景中，人们的评论、态度、意见被局限于一定的时空之中，比如大众媒体、街巷、聚会等，许多信息与内容在其过程中被稀释与扭曲，出现了不一致的编码和译码，因而受到诸多限制。互联网的出现，使得各类信息的传递误差降低了许多，并为网上公共领域的形成提供了便利。当网络公众的参与达到一定数量的时候，网络公共领域则开始出现，公共性开始形成。网络上的公众表达开始不再受到时空的限制，意义表达的编码与解码也变得更为准确，公众能够借助网络平台（微信、微博）能够让政府看到更多的真实诉求，以努力实现“国家-社会”在意识与利益上的一致性。

在国家意志执行的过程之中，国家意志与社会意志在具体问题上会出现差异，这类差异形成了社会或公共问题，只有考虑到全民的利益才能解决公共问题与社会问题。在这里，全民的利益与公共性是一脉相承的，能够被称之为公共领域的共同意志，其核心的表征还在于它的公共性，公共领域（公共性）具有调节“国家-社会”的政治功能。

网络公共领域是介于“国家-社会”之间并对二者进行协调的领域，公共领域是介于政府与公众之间的一种社会力量，它需要借助于意义表达与舆论来实现公正、公平原则。其作用是在网络平台上形成舆论，把意见传递给政府与公众，在观念上使得行政权威更为理性化。网络中的公共参与与意义表达作为公共领域发挥积极的政治建设作用，主要表现在调节“国家-社会”的关系调和之中。

网络公共领域具有启蒙功能，这也有助于“国家-社会”关系的调整。在康德看来，公共性既是启蒙方法，也是法律秩序原则，其《社会是启蒙》指出：

不成熟就是不经他人的指导，就运用自己的理智无能为力。当其

① 哈贝马斯：《公共领域的结构转型》，曹卫东译，学林出版社 1999 年版，第 113 页。

原因不在于缺乏理智，而在于不经别人的引导就缺乏决心与勇气去加以运用时，这种不成熟是自己加之于自己的。[①]

如康德所述，被启蒙前，个体理性被忽略，并很少运用，这并不意味着个体不具备理智与潜能，是具备这个条件与基础的，只是缺乏自我的肯定而回避了理性的自我决策。因而，自己被自己束缚起来，把理智压抑至深层次的“休眠”状态。网络公共领域则通过公共性的光芒，激活个体深层次的理性精神，使得更多的公众参与丰富的公共生活，来实现对于自我的解放。

同时，网络公共领域的启蒙作用，可以激发公众自我的公民意识，公共话语空间成为民间智慧的集合地。民间富有智力资源，许多有价值的智慧通过网络空间来加以表现，通过微信、微博的观察发现，许多的议题或热点都是由公众自发所形成的，十分精准地反映了当下的关注，较多议题都与社会的发展保持着高度的契合。在网络公共领域中，一方面传统媒体通过对网络上的话题进行报道，使之更快地进行网络化扩散，继而触发更多公众的关注，以此往复，即完成了公众真实意义的表达，以求达到影响与改造的初衷。另一方面，政府对于网络公共领域开始越发进行关注。以往公共领域中的讨论，仅限于特定空间、阶级、群体之中，其意义表达难以得到扩散与反馈，而网络公共领域则能弥补这一不足，使其成为“国家-社会”的重要通道，进而拉近了政府与公众之间的距离，也使意义表达开始变得流动起来。

帕特南在他的《使民主运转起来》中提出，公共性包括了公众对于社区事务的参与，规范和网络和公民政治权利的平等。[②] 帕特南的研究发现，公共性与公民传统是当代社会发展水平的重要参照，且远较经济发展本身的预测更为准确。公共性既可以对制度绩效产生作用，也可对经济发展与福利生产重要影响。

网络公共领域不但抑制了大众媒体的中心化、单向度操作危机，提供了沟通者异质、多元的立场。更重要的是，公众有机会回到公共生活的中心，通过自身的意义表达，来争取自身的话语权利与社会力量。因

① 康德：《康德著作全集》，李秋零译，中国人民大学出版社 2010 年版，第 424 页。
② 帕特南：《使民主运转起来》，王列、赖海榕译，中国人民大学出版社 2015 年版，第 294 页。

而，网络公共领域有助于将“国家-社会”的意志联系起来，增强其整体的一致性，从而提升彼此之间的融合度。

二、激辩与监督

网络中的激辩与监督的实现与网络发展有着同步性，从有网络开始，具有政治功能的网络公共领域就开始出现，从早期的 BBS（网络公共论坛）一直到现今的微博，其形式、内容都伴随着网络的发展而实现着自身的演变。初始，只是上网者在网络中的闲暇聊天，此时的公众由于受着“数字鸿沟”的影响，表达的能力专属于少部分人群。伴随着网络技术的普及，“数字鸿沟”的淡化，使得更多的公众有机会参与这个公共场景，来自由地表达。他们发表自己的看法、意见，呼吁的政治要求渐渐形成了一种社会力量，网络上开始涌现出多样化的意见与内容。公众开始直言不讳地对时政进行点评与议论。当不良的社会现象出现时，网络中的自媒体则开始显现其功能，在各类平台中进行不断传播与发酵。

网络公共领域的政治功能主要体现在对于共同对于公共事件、政治议题的参与权力，通过公开的讨论和舆论营造，表达各主体的意见，监督国家的治理行为。同时，也正是在这样的交往过程中，形成了社会整合力量，构建了社会的自我调节机制。①

网络公共领域中的激辩并非是偏执的，而是针对某个领域的现象提出自我判断，很多情况下会对于该领域的发展起到积极作用。在网络空间中所讨论的话题，涉及了政治、社会、生活、文化等诸多方面，关乎着公众的日常场景，公众的表达是对于某一特定方面的态度与行为，可以是正面的，也可以是负面的。它不仅实现了民意的传递，同时也起到了监督的作用，公众可能对于特定领域并不熟悉，但是他们依然能够扮演新兴的角色，作为独立的鉴定者来参与，对于政府的行为进行详议。同时，在所难免的也会出现一些不正当、不合理的言辞与行为，这类行为并非是网络空间所特有的，即使在传统的线下场景也依然存在此类现象。有部分讨论将其定义为网络的自由环境所造成的，其并非如此，网络空间所促进的政治参与积极作用，值得被加以关注与深化。

① 郭玉锦、王欢：《网络公共领域建构研究》，北京邮电大学出版社 2015 年版，第 96 页。

三、民主政治的提升

随着网络社会的快速发展，公众在网络上的意义表达日渐丰富，网络公共领域为其提供了良好的条件与基础。公众有着表达自我诉求与意愿的权利，网络的低成本、广传播，促成了其表达权利的实现。当公众的意见与观点被他人所认同与赞许时，这会进一步激励公众更为踊跃的发表言论。[①] 通过微博平台的研究发现，那些经常接收到评论、点赞的用户，相较于其他用户有着更为积极的内容发表意愿，由此说明了公众意义表达的受关注与重视程度，与其参与性有着紧密的联系。这类潜力的逐渐凸显，对于中国现代社会的建设、社会秩序的稳定有着重要的作用，网络公共领域俨然成为一个参政议政的场所。

网络公共领域为公众提供了一种崭新且强有力的话语表达平台，提供了公众各种视角下的海量信息，由而成为公众表达已见的场所。该领域已重构了传统的社会讨论活动，形成了公共事务对话方式的转变。同时，网络公共领域中的沟通模式也提供了民主活跃的意愿，每个人都可以通过平台来表达自己对于政治事务的声音。网络公共领域中的互动消除了以往公民参与政治的空间与过程限制，它改变了民主政治的形态，交互式网络社区促进了信息的双向互通与民主发展，这是由互联网本身由 Web1.0 至 Web2.0 的转向所致，当前，企业正向 Web3.0 迈进。

网络公共领域不仅在民主量化上有所拓展，而且其在民主化的质量上也有所提升。网络公共领域上的讨论，为公众与政府提供一种崭新的联结，提供公众丰富的信息，使之成为一个大论坛，公众与公众、公众与政府之间的较之以往有了更为便捷的沟通方式。例如在许多政府或官员都建立了自己的微博，以及政府自身的微信公众号、订阅号，这在较大程度上拉近了公众与政府之间的彼此距离。依据《2020 年政务微博影响力报告》，全国十大中央机构微博，排名靠前的有“中国警方在线”“中国长安网”“共青团中央”“中国消防”等。[②] 在十大党政新闻发布方面，排名靠前的有“成都发布”“武汉发布”“南京发布”“北京发布”

① 赵春丽：《网络民主发展研究》，经济科学出版社 2011 年版，第 324 页。

② 人民网舆情数据中心，《2020 年政务微博影响力报告》[EB\OL] https://weibo.com/ttarticle/p/show?id=2309404597347723117051，2021 年 1 月 25 日

"中国广州发布""上海发布"等。[①] 各类网络资源的运用使得原本的时间、空间限制被打破,信息传递的速度能有所加快,双向互通的实现在较大程度上调动了公众的参与热情,以及民主意愿的达成。

网络公共领域的讨论增进,发展到一定水平就会提升民主化水平,首先表现于增进政府、公职人员与公众的联系。网络公共领域中的信息相较于传统媒体有所不同,许多内容是由个人完成的,并非有媒体经过编辑、加工与审核的,个人可以自己决定选择与编辑自己所关心的内容,创造出更为自由的表达空间,帮助公众更为真实地表达己见。政府及公职人员能够从中捕捉到更为细致与准确的信息,以实现及时反馈。其次,有助于公民进入政治议程。在现代社会中,政治活动更多表现在信息传递与意见交流上,互联网则提供这一有效的信息与沟通工具,网络公共领域的出现,缔造了新的沟通平台,它的力量可以使政治的过程发生变革。以往的政治论多由精英所掌握的,在对于传统公共领域的论事中,仅限于那些贵族与资产阶级,而平民、公众是难以进入这一公共场景之中的,更不用说其意见的表达与反馈了。而当前的网络公共领域则塑造了由下至上的民主实现过程,不同背景、阶层的公众都可以有机会在网络社会中接触到各种不同观点的言论与思想,并直接参与其中。对于微博的调查中发现,那部分在现实生活中处于中下层群体的公众,在网络中拥有着与其他阶层群体同样的意义表达权利,同时他们保持着高昂的表达意愿与热情。因而,网络公共领域是突破政治区隔与话语垄断的有效工具,它改变了政治媒介中的议程设定功能。最后,网络公共领域使得公众的政治参与变得便捷化。它取代了以往单纯依赖官员、政府机构和其他各类机构来代表公众利益的形式,公众可以在网络中以独立的个体或群体来表达属于自身的意愿与态度,从而对于特地对象提出自己的诉求。[②] 在传统的公共领域讨论中,存在代表型的公共领域,而伴随着网络的出现,这种代表型的格局被打破,其繁琐的程序也被简化,政府与公众之间的距离也由此拉近,彼此之间的

① 人民网舆情数据中心,《2020 年政务微博影响力报告》[EB/OL] https://weibo.com/ttarticle/p/show?id=2309404597347723117051,2021 年 1 月 25 日

② 胡泳:《网络政治:当代中国社会与媒体的行动选择》,国家行政学院出版社 2014 年版,第 225 页。

互动与交流变得更为直接与真实。

第二节 社会治理功能

网络公共领域是一个巨大的舆论场，发挥着舆论影响功能，对于社会治理有着直接或间接的作用。它将社会中的热点、争议问题直接透射至网络空间之内，公众可以跨越时间、空间限制，直接寻找自己所感兴趣的议题进行评述与讨论。以往由于缺乏有效的传播渠道，因而许多事件、热点难以在第一时间进行传递，并被公众所知晓与传统。而网络的出现，则能将一经发生的事件，在短时间实现家喻户晓。只要是一个人、一个机构或一个国家，只要出现了"出格"的事情，都可以被第一时间搁置于这一公共领域之中，以供公众舆论的评议与审视。因而网络公共领域的存在，对于社会治理有着现实的意义，它实现着现实对于虚拟的透射与虚拟对于现实的反馈。

例如某市房地局局长，在开会期间"右手九五至尊，左手江诗丹顿"，被拍照上传至网络，随即通过网络传播被公众所知晓，在经过一段时间的讨论后，逐步引起了相关主管部门的重视，最终经过调查，揪出了该名局长的违法行为。

网络公共领域中对披露违背公共道德、违纪犯法行为，对于社会能够起到重要的警示作用，它有助于强化社会规范的机能、维护社会秩序。同时，公开暴露已经由网络公共领域实现制度化了，诸如检举、披露、通报等，已经成为社会治理过程中所不可或缺的方式与渠道。

一、全景化的管控

福柯在《规训与惩罚》中提出了全景敞视概念，其用于展示微观权力在现代社会中的规训作用。他认为现代人暴露于无处遁形的全景环境之中，其行为受到了隐秘的监控，微观权力的存在使得公众行为被限定于合理、合法的范围之内，一旦超出边界则会受到惩罚与控制。[①] 有

① 福柯：《规训与惩罚》，刘北成等译，生活·读书·新知三联书店 2007 年版，第 342 - 345 页。

限的生活空间制约了公众的活动范围，使其无法对于周边所有的事件、信息实现全部掌握。直至互联网的出现，这类情况被打破，公众可以在网络中找寻到其所感兴趣的事件与信息，各类资讯被暴露于开放的网络平台之上，接受着公众的检阅与评述。

过往的人类生活，被限制于一定的空间位置之上，彼此之间的信息互通借助于熟人间的口耳相传，以及传统媒介（报纸、杂志、电视等）的传递。由此造成了在信息内容上的局限，由于版面篇幅或节目时间的限制，因而不能将大部分事件告知更多的人，有时公众还会受到时间、空间的影响，影响了信息的接收与传递。

互联网则在较大程度上克服了这些约束，网络社会可以告知公众海量的资讯，网络公共领域可以告知公众各地的公共事件与政府行为。网络空间犹如一面镜子，现实社会中的各类信息都可以被透射于这一平台之上。

通过社交平台的观察可以看到，个人的各类信息（评论、观点、照片等）都被暴露于这一公共领域之中，个人的私密空间已转化为公共的浏览场所，公众有机会对于信息进行解读与审视，已然成为一个全景化的虚拟社会。公众在网络公共领域中的行为，受到了无形力量的影响，这源于网络全景敞视下的微观权力作用。被监督者处于一种可见状态，而监督他的权力却既是可见的又是无可确知的（不知道是谁在窥探自己），这类管控产生了奇特的权力效应，一方面使得由谁监督与管控变得无足轻重，另一方面，由于被监督者意识到自己被实时的监督与管控，因而自觉地压制与约束自己。①

网络公共领域中的海量资讯如同海潮般的波涛汹涌，每一滴水都是基本的信息单位，由而逐渐汇聚成大河、大海。这些基本信息单位有来自官方的信息发布，也有来自个人的杜撰，通过彼此之间的共享量增加与交往次数增进，将这些信息与资讯编入于这个网络全景世界之中，使得网络公共领域接近于透明地展示于公众面前。在网络环境中，各类事件清晰可见，并以超乎想象的速度实现着传播。诸如发生于2021年7月20日河南巩义米河镇突发山洪事件，两辆大巴车载有近70人，

① 孙立中：《西方社会学名著提要》，江西人民出版社2007年版，第615页。

被洪水所围困，山洪夹着碎石打破了车窗，河上的桥被冲塌，堤岸被洪水冲破了好几道口子，水已经灌进一层车厢，大巴车因受损太重已不受控制，生死时刻有一名男子开着铲车赶来救下了全部人员，但最后该名救人男子没有留下姓名就离开了现场。整个过程被被困人员全程视频拍摄下来，并发在了网络上，发起了对于该名救人英雄的寻找，引发了一轮全城寻人，并在得以最终找到。这一过程反映了网络空间已成了一类监督、宣传、传播的场所，全景化的展现对于公共事件、社会治理起到了诸多积极作用。再比如 2020 年的新冠肺炎疫情，由于病毒的传播性，对很多密切接触者的寻找，都是通过网络所进行的。实践证明，这类网络空间内的全景化展现，为疫情管控增添了不少益处。

网络公共领域在全景化呈现的同时，也实现着管控与引导功能。公众习惯于借助镜子来整理自己的形象，以确保自己不会因为存在不合适之处而招致众人拒绝。在网络环境中，网络公共领域就如一面镜子，透射了真实社会中的各类现象，公众从中不断吸收各类事件与现象，从而对于自己的行为进行着自检与约束。其目的在于避免不好的事件、行为、现象发生于自己身上，由此互联网的透明度提高了个体的谅解与真诚。网络公共领域使得公众生活变得越加透明化，使得公众对于自己的行为更具责任感，当他人的违规事件被曝光并披露于网络之上时，为了不受到同样的惩罚，那些原本有同样行为意向与动机的公众也会有所收敛。

网络公共领域的全景化能较好展现发生于公众身边的各类事情、事件，增进了公众的见识，使其能有机会接触到更多的事物。从而对于生活提供了良好的参照，特别是对于个人决策、组织与政府决策，更是提供了丰富的素材。全景化有助于实现管控功能的实现，主要体现于三个方面，首先，是个人行为，尤其是公众人物差不多都有自己的网络平台帐号，他们在网络公共领域的一言一行都在接受公众的监督，这有助于这些名人对于自身行为与言论的约束；其次，是企业组织行为，涉及产品、服务、企业信息，企业可以通过网络平台，实时发布自己的信息，以增进企业与公众之间的联系，以确保彼此之间的信息互通与对称；最后，是政府的行为，体现政策制定、信息公开等方面，许多政府部门也开始建立自己的微博，以求能第一时间传递公共信息，使得政府行为能接受公众的监督。同时，网络也为政府信息实现公开化、透明化提供了渠道，拉近了政府与公众之间的距离，激发了公众参与公共事务的热情。

二、社会的安全阀

伴随着社会的转型与发展，原本的平衡秩序被打破，各类冲突开始逐渐现象，以显性或隐性的形式得以存在。论及社会冲突，无不强调其具有负面、破坏性的一面，广泛认为无助于社会正常秩序的维系。而科塞则持有不同的态度，即群体内冲突同样能够增进群体的凝聚力，对于保持稳定性有着积极的意义。[①] 科塞指出，群体内部需要有一种保护群体存在的"安全阀"制度，这类制度指涉群体鼓励并允许在一定条件下的冲突存在，这种冲突有利于排泄社会关系中累积起来的敌意与不满，以防止敌对情绪积累到一定程度而不可收拾。安全阀有着两类形式，一类是不破坏群体内部关系的前提下，允许针对原始对象的敌意或冲突行为，在社会认可的范围内表达或表现出来。另一类则是设置一些替代目标，使得敌意由代替对象表达出来。两类安全阀都试图将冲突控制于一定的可接受范围之内，以降低或消减冲突所带来的负面影响。[②]

网络公共领域的安全阀功能，可以消减公共领域中的意义表达与交流的焦虑情绪。情绪影响着公众的行为，并且会不断积累，对于行为力度的增进有着显著的影响。当负面情绪积累到一定程度，则会触发危害社会乃至自身的行为发生。如发生于 2018 年 8 月 6 日的四川仁寿县杀人案，由于当事人与他人之间的冲突无处宣泄，且无法获得更多公众的知晓与宽慰，进而冲进派出所，持刀砍伤多人，致使派出所所长和一名辅警重伤不治牺牲。[③] 又如发生于农村的自杀事件，经研究发现多由家庭矛盾所引起，且缺乏有效的发泄渠道，自身的意愿与境遇无法被他人所理解与关注，因而采用极端的行为来实现宣泄。[④]

---

① 文军：《西方社会学理论》，上海人民出版社 2006 年版，第 138 页。

② 科塞：《社会冲突的功能》，孙立平译，华夏出版社 1989 年版，第 178 页。

③ 河南交通广播："突发！四川仁寿一男子冲进派出所砍人被击毙，两民警重伤牺牲"，[EB/OL] https://baijiahao.baidu.com/s?id=1608040587001323683&wfr=spider&for=pc，2018-8-6.

④ 贺雪峰、郭俊霞：《试论农村自杀的类型与逻辑》，载《华中科技大学学报（社会科学版）》2012 年第 4 期。

无论心理型情绪、生理型情绪还是社会型情绪，任何一类情绪的积累都会致使行为爆发。当这些情绪积累在一定的阈值内时，往往表现一定的情绪化，一般较少发生极端行为。而当其累积到一定的强度时，则需要一个顺畅的渠道表达出来，可在较大程度上降低负面情绪的总量，进而减少极端行为发生的概率。情绪的宣泄有着多样的选择，其中最为有效且温和的方式则是群体间的话语表达与交流，而并非有针对性的暴力行为。在现实社会中，由于受到时空的限制，无法做到及时的表达与交流。而网络公共领域则能很好的弥补这一不足，使得公众能有更多的机会来实现自我情绪的宣泄，这在较大程度上避免了由于情绪无法宣泄而造成的失范行为产生。互联网的匿名性、虚拟性使得公众能够放下现实社会中的诸多顾忌，使其能在网络公共领域中实现更为自由与真实的意义表达，在闲谈、谈论中表露出自己的情绪，从而完成情绪宣泄的功能。

在公众的意义表达与互动过程中，如若是较为自由的对话氛围，情绪的释放将会变得更为流畅与透彻。比较于其他各类场所比较，网络公共领域更接近于这样的环境，公众也较为愿意借助这个场所来进行表达。

网络公共领域的安全阀功能主要有两方面，一方面是网络公共领域可以让公众在网络上畅所欲言，随心所欲地表达情绪，这在较大程度上释放了情感，缓解了情绪张力，降低了社会焦虑强度；另一方面，通过网络公共领域的互动交流，社会认同感的增进消解了社会发展过成中的不稳定因素，许多负面情绪可以通过交流后得以疏解。

三、社会透明度的增进

网络的全景象赋予了其较强的透明度，公众对于事件的认识能够更为接近真实，这是在传统的公共场景中所不能实现的。可以说公众对于社会事件的认识在网络公共领域的作用下变得清晰而透明，并促进了诸类问题的有效解决。

网络公共领域中引起公众围观的事件，主要由政府与公众自身形成，通过网民的深度挖掘，舆论初现，进行形成公众压力，对于事件本身进行着不断解读、修正与发展。社会透明度的增进，对于社会管理有着诸多益处，同时也对于管理者提出了新的要求，使其不断规范自身的行为，以适应不断发展的社会需求，因而其发挥着社会控制作用，推动着社会管理水平的提升。网络公共领域的透明性功能，在网络上触发了许多具有影响力的事件，并反馈于现实社会，引发多于个人与组织机构的思考与追问，以公众所熟知的“郭美美炫富”事件为例，从整个事件的发展历程来看，持续起伏了多年，在其过程中有关郭美美，一直成为关注的对象，其诸多近况、评价等都被呈现于网络之中，透明度的增进使其成为焦点。

在传统公共领域中，对于特定事件的关注与舆论触发，被限制于一定的群体中。同时，对于事件的还原常常是碎片化、间断性的，其透明度的缺乏，致使无法展现全貌，难以引起广大公众乃至政府的关注。而在网络公共领域中，其高度的透明化，使得事件的全貌能得以还原，各类公众都有机会接触于事件真相，并可以自由发表言论与意见，从而再次构建了“事件＋公众舆论”的新事件，社会管理者可以运用网络的透明性，不断抓取有效的信息，以不断设计与调整自身的行为策略，来顺应社会公众的需要。网络公共领域和新媒体的协同配合，保障了较高的社会透明度实现，促进了政府的积极行为。

第三节　信息的整合功能

一、碎片信息的呈现

碎片化常常出现于后现代的理论文献之中，诸多后现代理论都排斥原本的元叙事、整体性与宏大叙事等现代社会现实，取而代之的是碎片化概念。后现代主义认为，宏大叙事是单一维度的，忽视了其他类型的社会发展历程，以及其所导致的各类结果。碎片化概念的出现与运用，可以较好地弥补那些被宏大叙事所忽略的细节，通过分散的组合来展现事物的全貌。

不仅如此，碎片化也是时代的产物与象征。当前高频率的信息交流与交往，使得公众无法持久地对应于意见事项与对象进行互动。信息传递的速度和频次的加速，致使公众不得不面对繁杂与庞大的信息内容，他们需要快速地从中挑选出感兴趣的信息。在网络环境中，对于某一事件或内容的描述，并非来自一个渠道，也并非抱有一致的态度，公众通过对于分散的信息进行拼凑与组合，形成了对于事件或内容的完整理解。这一过程展现了网络领域中的信息碎片化特征，以及公众如何将其化零为整。

公众频繁使用微博的原因之一在于，其契合了信息社会的发展态势。在微博平台上所传递的内容，有着内容简洁、观点明确特征，对于某些事件与内容，有着不同视角、不同方面的动态描述，各类观点、意见、评述零星地分散于这一场景之中。这正是网络公共领域中信息碎片化的集中体现，公众可以在快节奏的生活中，高效地获取到更为多元与丰富的内容。

网络公共领域中的信息碎片化，在微博中体现为简短。微博有140字的发文限制，这主要源于公众对于内容简要的需求，使其能在较短的时间内获得明确且清晰的信息内容。其次，则是实时性。微博的发言、点赞、评论等行为，是公众获取信息时的即刻反馈，因而其更具本性冲动，显得更为真实。其三是零散性。微博的内容常常是不完整、零散化的。这主要源于公众行为受着自身与外部的环境影响，快节奏的生活使得公众在网络上对于事件与内容的描述，变得简要而明确。同时，并非一次能够叙述完毕，需要多次才能完成，内容的展现则以碎片化的形式出现。

网络公共领域中的碎片化现象，借助于一定的场景与平台来得以实现，它不仅影响着信息内容本身，同时也是影响着公众的行为与思维（图 5-1）。

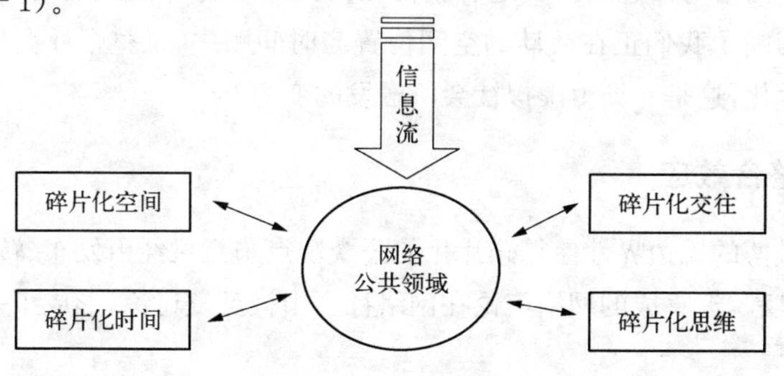

图 5-1　网络公共领域的碎片化体系

瓜塔里与德勒兹的宏大叙事，提供了对于碎片化的图景描述："我们如今生活在一个不完全的客观世界，砖块已被粉碎为碎片与残余的砖体。"在一个碎片化的网络社会之中，要产生一类与之有关或克服它的宏大叙事是十分困难的，"我们开始质疑曾经存在过的整体性，或是在未来某一天等待我们的整体性。"[①]信息以诸多方式对于主体进行建构，南希(Jean-Luc Nancy)把主体认为是多重的、消散的、极度碎片化的，虚拟现实的一些过度形式已经被透射于网络公共领域之中，多用户域(MUDS)无疑会继续朝着这个方向继续发展下去，那些碎片化的分散的信息，只有存在共同的范围内才会变得更有意义。

网络公共领域中的信息碎片化，对于公众在现实生活中的行为与思维产生着影响，主要体现在：

首先，生活的空间与时间零散。公众生活时间的形式与内容显得零散，公共领域中的信息流动加快，互动信息频率递增，使得生活更显碎片化。其次，思维跳跃(分散)。由于铺天盖地的信息在短时间内涌入，公众的注意力随着信息量的增加而变得越发分散，生活显得缺乏逻辑。繁杂的信息，使得识别或甄别的信度(可靠性)难度有所增加。最后，问题思考表浅。公众在接受信息过程中显得零散，致使其不能集中精力与时间来思考某一方面，导致思维表浅。

存在于网络公共领域之中的网络社群、社会网络以及各类场景，正在改变着公众的思考与行为方式，微博中的各类议题与符号，分散地分布于整个场景之中，虽然每个个体都是微不足道的，但是累积在一起，这些碎片化的信息则组合成为广为创博的讯息，实现着人与人之间的交互。网络与信息逻辑决定着我们如何处理自身与他人之间的关系，信息切断了我们正在活动的空间位置与时间顺序，是整个社会生活呈现碎片化，这是一场由虚拟社会所触发的变革。

二、整合效应

微博的无边界性使得碎片化的公众观点与意见经由发布、转发、评论等过程，汇集成的网络舆论在网络社会中被反复讨论，形成了一个特

---

① 卡拉：《浅薄》，刘纯毅译，中信出版社 2010 年版，第 12 页。

殊的网络公共领域。

信息的传递与互动到达一定程度时，信息碎片化现象便涌现于生活世界之中。当碎片化信息中相似的内容被集合在一起且传播范围被得以拓展时，碎片化的整合效应就会有所体现。这类整体效应通过议题与时空的整合，形成观点倾向，影响着网络社会与现实社会两大场景。周桂田认为：

从存有诠释学的观点而言，网际网络是联结彼此的沟通网络，致使个人从一个单一自足点，能拓展至存在的世界之间。这个过程带动了人们的“视野”的提升，并延伸了公众对于社会世界意义的把握。因此，相对而言，网络四构成的场景，重新提供了一个互动的场域，将碎片化的信息与个体糅合在一起，弥补了现代社会逐渐消逝与破碎的社群生活。①

网络公共领域的信息碎片化，所触发的整合效应主要体现在空间、时间、议题整合和资源动员整合四个方面。

首先，空间整合。这类整合是互联网的特征之一，微博将处于不同空间中的公众，整合至同一场所之中。在此场所之中，如同一个开放、自由的广场，公众可以自由进入，一个接着一个，不断实现着延续，以确保该场所始终有着足够的公众，从而表达着不同的态度与意见。这类特征与传统公共领域理论所强调的场所，有着相近之处。不同在于它是虚拟的场所，而非真实存在。同时，它不再受到地域、空间的限制，使处于不同地域中的公众，都有机会通过这一虚拟场所来实现彼此的交互与意义表达。

其次，时间整合。成千上万的公众在同一时间内运用手机或 PC，登录微博平台，进行着浏览、评论与转发等行为。公众每次登录平台的时间都较短，但是频率很高。每个个体的零散时间，在同一时间段内被进行了组合，从而形成了一个完整的时间谱系。公众在同一时间段内，共同进入于这一网络空间之内，对于特定事件、内容与信息进行着关注，这在现实社会中是难以实现的。诸如公众无法在特定的时间，共同

① 周桂田：《网际网络上的公共领域——在风险社会下的建构意义》[EB/OL]公共评论网，http://www.gongfa.com/gonggonglingyuzhuanti.htm，2013-5-29.

聚集至同一场所，来实现自我的意义表达，因为其需要考虑的自己的行为成本，而在网络公共领域之中，这方面成本被降至了最低。

以往传统媒体强有力地整合了公众的生活时间，如广播的时间、电视新闻的时间（如新闻联播 19:00）等，它对于公众有着强烈的吸引力，使得处于不同地域、空间中的公众，都会挤出时间来收看、收听。这类时间的整合有着固定性、单向度的特征。而网络公共领域则为公众随时随地的进入提供机会，信息呈现出连续性，且可实现彼此之间的双向互动，这使得公众不必受时间的限制，即可完成整合。

再次，议题整合，凝聚思维。微博这一巨大的网络空间，可以容纳大量的信息，虚拟与现实中的各类问题都可以在这个公共场景中提出、讨论。各种议题不约而同地汇集在一起，成为公众共同关注的焦点。没有任何一个空间可以像网络公共领域那样将碎片化、零散的议题，集合在一个视野之中，实现成千上万公众的同步或异步讨论。这较之于传统的公共领域是无法比拟的，过往在公共场所之中的讨论议题，往往基于特定的群体、地位与旨趣，有着浓厚的政治化意味，缺乏丰富的议题选择。针对于此，网络公共领域则能较好地弥补这些不足。

最后，聚焦人群的资源动员整合。当公众所关注的议题较为相似时，就会自行地“黏合”在一起，虽然彼此相隔千里，位于不同的空间场景之中。但其网络上的身份标签，却帮助其走到了一起。微博平台将使用者整合在了一起，把不同个体的碎片时间整合在了一起，把各个公共自身的零碎的空间也整合在了一起。这种整合与零碎的议题合在了一起，产生了巨大的声音，使其能在网络公共领域中交流、共鸣、共识、以及行动动员。基于不同的议题，跨越时空的群体，借助网络公共领域能够发起内容、形式不同的群体行动，这正是其资源动员整合的集中体现。正如舍基所述，网络公共领域有着强大的自组织力量：

一名妇女丢了手机，召集了一群志愿者从盗窃者手中夺回；一名旅客在乘坐飞机时领受了恶服务，可以通过网络发起一场声势浩大的维权行动……无论在何处，你都能看见公众走到一起彼此分享，共同学习与工作，或是发起公共行动。看似这些事件没有什么紧密的联系，但它们乃至更多的事情都有着共同的根基。在人类历史上第一次，我们运用特定的工具（网络）来支持群体对话与行动。凝聚一群人并使之行动需要资源有着较高的要求，使得全世界范围内的群体努力被搁置于同一场景之中。今天，全球分享与合作的工作已交还于公众的手中。①

其中的信息集合方式遵照相似性规则粘贴、融合，又因差异性而排斥或产生敌对。差异或相似主要体现在思维方式、价值判断与情感体验方面。微博平台上通过黏性的整合是结构性的，即在对于某个事件并非都是完整的态度表达，公众的相似性并不变现为完整的态度。在这个过程中，认知方面可以相似并粘贴，但在情感方面则不能有共同或相似的体验。当有完整态度的黏合后，就是在认知、行为与情感上的一致。不完整态度并不影响其中相似或相同态度的整合，公众依然保持着统一态度，除非其中存有较大的差异性。微博文本短小、碎片化，交流面广、信息丰富，容易形成共识与共鸣，公众在交流中进行观点碰撞，形成共识的概率远高于其他交流的场所。一则新闻可以在刹那间由一个地方扩散至全世界，而一个群体也可以轻而易举地迅速为了事业而被动员起来。

每一个微博因关注内容相似而聚集，形成网络社群。网络社会的社会思潮趋向“去中心化”，公众从原本“满灌”的宏大叙事转向于去中心化，在这个过程中伴随着碎片化现象，这并非公众的初衷，而是过程中的偶发事件。貌似公众试图将碎片来填补生活世界，其实，当相似的碎片或碎片中的相似部分相遇时，可能会出现黏合、广联现象，通过微博的信息流动过程，像积蓄的风，把碎片布满世界，碎片的网络公共领域信息，拥有着触发蝴蝶效应的能力。

第四节 社会认同的建构功能

在网络公共领域的诸多功能实现中，社会认同与建构是较为显著的两个方面，公众的自我意识形成，源于我们对于整个社会的认同与构建，并在其基础之上不断实现着演变与反馈。

① 克莱·舍基：《未来是湿的》，胡泳等译，中国人民大学出版社 2019 年版，第 5 页。

一、社会认同的意蕴

认同(Identity)的动词 Identify,有着两重意义,其一是鉴别与判定,也就是将某人或事件从众多繁杂信息中辨认出来。社会认同采纳了这个词义,把 Identity 定义为可以将他人与个人分辨开来的个人与社会特征。进一步而言,认同由三个层次构成,从而实现逐步形成的过程,即从群体认同经过社会认同再到自我认同,认同得以强化,从而实现公众的自我归属,增进信仰认同。通过公众所在的群体,参与到社会实践之中,获得某种认同感,成为自我认同的内在动力,直接影响着行动参与。

当我们想建立一个人的认同时,我们会问,他的名字是什么,他所属的群体结构中处于怎样的位置。个人的认同有着更为丰富的含义,包括主观持续的感觉与一系列记忆。社会学心理学所强调的认同有着更多含蓄的特质,比如说主观或客观上的,还有个人或社会认同。①

安德森在《想象的共同体:民族主义的起源与散布》中提及,认同以多种形式并存,它是在行动者互动过程中、特定情境下构建而成。认同不是预先给定的,不可能以自我利益为中心,受到共同规制的约束于引导。

泰佛尔(Taifel)提出,社会认同是一个自我概念的重要组成部分,会影响到公众的社会态度与行为。泰佛尔与特纳对个体认同(Personal Identity)和社会认同(Social Identity)作了区分,他认为这是区隔人际关系与群体关系的重要基础。在人际交往中行为受到个人变量的控制,而在群体关系中,则受限于个体对群体的分类过程。泰佛尔将社会认同定义为:“个体认识到自己所爱群体成员所具备的资格,以及这种资格在情感与价值上的重要性。”②

社会认同理论认为,社会认同有着三个基本形成过程,即社会类化、社会比较、积极区分。社会类化是对于对象、人与事件的归类过程。在这一过程中个体试图将内群体与外群体进行区隔,强调群体内群体

① 复旦大学历史系:《近代中国的国家形象与国家认同》,上海古籍出版社 2013 年版,第 120 页。

② 王志红,黄志斌:《我国网络公共领域三大话语权及其价值整合》,载《江汉论坛》2018 年第 2 期,第 5-10 页。

的相似性。社会比较，则是将自己所处的群体与其他群体之间，在权利、财富、声望等方面进行比较，以清晰自身群体在整个体系中的状况。积极区分涉及个人用自己的群体身份作为自尊的源泉，从而产生内群体偏好或外群体偏好。

二、认同的实现路径

社会认同是一个逐渐形成的过程，需要建立在一定的环境下，通过信息的交换与自我的反思来加以实现。公众获取的信息量越大，社会认同则越容易形成，同时其形式也越发多样，进而社会认同呈现出更加多元化特质。网络公共领域为公众的个人与社会认同提供了丰富的信息参考，为认同增加了高频率的加工过程。这种高频率加工增强了某些已经持有价值或认同。同时，也会对于以往的认同造成危机。网络公共领域中的社会认同是一种认识、一种态度与一种趋势，这类认同并不是预设的，它是从网络公共领域纷杂的信息中所获取并形成的。在网络公共领域这样一个变化的环境中，每个人的角色、价值与认同受到诸多挑战与影响，因而公众在网络中的社会认同是一个复杂的形成过程。

在网络公共领域之中，当公众采纳了某社群的成员资格来建立自己在网络中的身份时，自身的属性与群体的属性则开始呈现一致。在网络公共领域中，社会认同密切联系着上网者身份的建构过程及其对他们思维与行动产生影响。例如，当自身认为是一个老年人时，则会在网络中寻找符合自身特征的社群并加入其中，通过彼此间的交流与互动，来强化自我的身份认同与社会认同。

社会群体的成员身份是一个人自我概念的重要组成，因此当公众在网络公共领域中与他人交流时，他们不再是独立个体，而是作为另一类或一组人的代表与人交往。在网络社会交往中，公众总是力求获取积极的社会认同，这种认同在较大程度上来自群体内部与相关外群体的比较。当公众不满意当前的社会认同状态时，公众可以选择离开该群体而转向于其他群体，力求达到积极的认同途径，网络公共领域则为其提供了便利，无边界的场域，以及众多的网络社群，使其能够自由地穿梭于不同群体之间，从而实现选择更为符合自身认同需要的群体。

但当公众过分热衷于自群体时，会产生偏执的认同感，会认为自群体有着不可比拟的优势，从而更易产生群体间的偏执与冲突。

存在于网络公共领域中的社会认同，在支持舆论形成的过程中扮演着重要的角色。首先是描述群体与议题的相关性；其次，描绘群体对议题所抱有的一致性态度，并建立该群体所必须遵守的规范；再次，同一群体中的公众承担起维护群体规范与意见态度的责任，并不断对此强化。正因如此，持有共有认同的群体，会相互保持态度与行为的一致性，以确保群体的延续与发展。

在广义的社会认同概念下，各类认同现象以多种形式发生与存在，如自我认同、角色认同、群体认同、价值认同等，对于网络公共领域而言，其突出表现的是价值认同功能。价值认同主要是对与错、好与坏的定性判断，个体对于某种规范的意义认知，与其个体积累的社会经验有着密切联系。若个体直接或间接的社会经历使其产生的情感体验与社会认同是一致的，那么公众则会接受社会规范，反之，则会因此冲突与排斥。

在网络平台中，常见"口水仗"，这不仅存在于平民百姓的家长里短之中，也同样存在于名人、明星间。有的甚至就是因为认同不一致，产生价值判断偏差，甚至闹上法庭。如发生于多年之前的"转基因大米"之争，由起初各自的价值判断与态度意见，逐步升级为互为攻击，最终闹上了法庭。在展现价值认同所带来的负面影响与功能时，同样需要强调其正向作用。网络公共领域的价值认同，其初衷不在彼此的排斥与冲突，而在彼此的借鉴、吸纳与求同存异。在网络环境下，存在着众多的价值观念表现，为公众提供着充分的选择机会。在其价值认同过程中，如在网络中遇到与自己价值取向一致的意见时，则会强化这类判断。而当遇到更值得信服的价值判断时，其可能对于过往的判断进行扬弃。公众可以从更为多元的视角来对于事件信息进行分析与解读，从而开启思辨与形成自我的价值取向。

网络公共领域中的认同过程，可以降低无常感或提升认知安全。网民除了希望通过社会认同来提升自尊、群体认同、价值认同外，也希望降低自身生活中的无常感。社会认同赋予了公众认知自我的能力，同时也帮助其明确了自我社群与其他人之间的差异。具备了这些知识，网民就可以在日常生活中从不同的身份入手，预测个人的行动，并懂得如何与其交往。网民运用网络公共领域中的社会认同来降低无常感时，倾向于规范制度清晰、意见一致的网络社群。

总之，网络公共领域有助于社会认同的建立与延续，主要体现在：首先，网民可以通过网络公共领域进行互动交流，不同的观念碰撞，形成了新的观念与想法，从而形成更为广泛的认同与共识；其次，通过网络公共领域的讨论，政府管理者可以从网络上了解到社会的舆论要点与态度倾向，更容易掌握发展变化的趋势与方向；最后，则是认同危机的化解。一个社会的认同危机来自彼此沟通的不便捷，网民无法凭借沟通程序关心与学习广泛的公共信息，从而使其不再关注于社会事务。网络公共领域则为公众弥补这一方面的不足，丰富而广泛的平台在较大程度上缓解与改善了社会认同的危机。

三、网络的社会性建构

现实社会存在于一定的环境之下，通过公众间的交流而被构建。虽然其中蕴含着较强的主观性，但并非随意的拼凑，需要与他人之间经过长期的磋商与讨论，逐步形成一致性的态度与取向。当公众之间的交流有所增加时，社会建构的频率也随之加快，所构建的内容也日益丰富，同时还会衍生出较多的想象空间与内容。互联网为公众增加了交往的频率，在单位时间内增进了人们交互中传递、交流的信息量。它为公众的社会建构添入了丰富的素材，增加了个人意识中构建对象的转化频率和整合态势过程中的速率。

人们对于社会的认知皆为一种社会建构，它根植于特定历史和文化条件下的协调与对话结果，是在人际交往形成的，而不是单纯通过所谓的客观方法所发现的。认识的过程是积极主动的，而不是被动的反应过程。网络的社会性张力，为社会建构提供了条件，众多的互动所触发的信息流，为社会建构提供了动力与材料，并显示了广泛的多元性。

从社会建构观点来看，对事实的认知并不存在于人的内部，而存在于人与人之间，是人际互动的结果。网络公共领域不但改变了公众互动与沟通的环境，也影响了人们日常生活的结构与实践内涵。当公众在网络中采取社会行动时，就取得了发言、评论、转发的权利，并经由事件介入、沟通形成社会认同，并建构出一个多元的实践网络。

网络公共领域的社会建构是其最基本的功能，由于网络的社会性张力，公众获得了建构社会的信息量与方法。此时，建构社会的速度与频率都有所加速，社会出现前所未有的虚拟场所，为人们所认知、内化，形成深刻的社会印象。

当前的网络公共领域是最大的信息交互场所，每天都有大量的信息被网入进来，又被消散出去。对于个人而言，在这一信息交流过程中，新的信息经由思考形成新的知识，这种新知识的形成依赖于个人对于新知识体系的主观建构，即公众通过自身对新信息的理解，在其既存主观知识的基础上，对客观知识的进入与存储发挥能动作用。基于个体的主观构建产生的新知识通过媒介表征（微博）发表，经他人根据一定的标准进行审视、评判并被公众接受，由此成为知识。在学习过程中，知识被个体内化与建构，在获得意义的基础上成为了主观知识，个体根据这一主观知识进行创造，由此完成一个循环的过程。网络公共领域的建构功能在于对传统思维秩序的重整，以及对于过往知识体系的整合与创造。

第五节　商业价值的实现功能

一、数字营销新机遇

微博、微信、B站等一系列网络社交空间的出现与使用，使得公众有了对于产品、服务、企业进行分享、反馈、求助的机会，进而使得“企业-消费者”间有了新的链接形式。企业开始运用网络公共领域，这一有效的传播场所进行产品、服务的发布与宣传，而消费者则借助于社群、论坛进行相互间的讨论、评价，进而在网络中充满着大量的消费者意见与态度，这为企业提供了改善与提升产品的机会。过往，企业要触及消费者的意见与态度，不得不借助访谈、座谈会、市场调查等形式，较长的周期、较高的费用使得企业获得消费者的真实意愿与信息，是需要花费较大的成本的，而网络公共领域的成熟，使得企业对于消费者的洞察变得更为便捷与高效，由而所催生了围绕于网络空间的数字营销出现。

有关数字营销有着较广的讨论，但一直未能形成共识，在较多有关数字营销为主题的研究文献中，都未触及对于其本质的阐释，这对于各界理解与把握数字营销造成了不小的困惑。有关于数字营销的内涵，主要有以下几类表述："数字营销是一种借助网络技术、计算机技术、多媒体技术以及交互技术等数字化手段达到营销目的的营销手段""使用数字技术进行产品和/或服务的营销""借助于互联网络、电脑通信技术和数字交互式媒体来实现营销目标的一种营销方式"。美国营销协会将其定义为："由数字技术驱动的、能够创造、传播、交付价值给消费者和其他利相关人的所有活动、机制和过程的总称。"从各类定义来看，虽然未能对于数字营销形成统一的表述，但有着一定的共识性指向，即借助于对各类信息、数据技术的综合运用来实现营销目的，数字营销在较大程度上是一类偏向于由技术驱动的营销，是一种过程或机制，它能够产生并传递价值，并创造、维持和发展"企业-消费者"间的关系。

在网络公共领域中所实现的数字营销，主要体现于"千人千面"的精准匹配。企业在日常营销中所关注的是消费者对于信息偏好的探究，解决的是如何有针对性进行内容供给？传统营销对于产品或服务的内容生产与传播，多以企业为主导，是单一主体的单向度信息传递，而伴随互联网环境下消费者数据在搜集、分析等方面的改善，使得企业与消费者之间的信息屏障被打破，企业能基于消费者偏好实施更为精准的信息传递，内容生产与传播变为双向度。同时，加之社会化媒体兴起，给予了更多主体的参与可能，内容生产与传播变的日趋丰富，进一步满足千人千面的差异性需求，以此能较好地促进消费者对于信息的获取以及欲望的唤起。

数字营销可基于产生于网络中的用户内容数据建立内容管理系统(Content Management System)，实现对于各类内容生产的聚合、管理与触达。其内容生产形式包含用户生产的内容(UGC)、专业生产的内容(PGC)、企业生产的内容(BGC)，这不同于传统单一企业所进行的内容生产，使得内容更具丰富性和针对性。在进行人工内容生产的同时，数字化技术对于营销内容的促进，开始采用相应的人工智能技术，进行 AI 内容创意（AI for Creative）、动态创意优化（Dynamic Creative Optimization），即利用 AI 技术自动对于内容进行识别、标签化与创造，续而进行消费者的最终触达。这较之于传统营销而言，网络公共领域较大改善与提升了“企业-消费者”双向信息贯通、多元主体的参与、精准的内容匹配（图 5 - 2）。

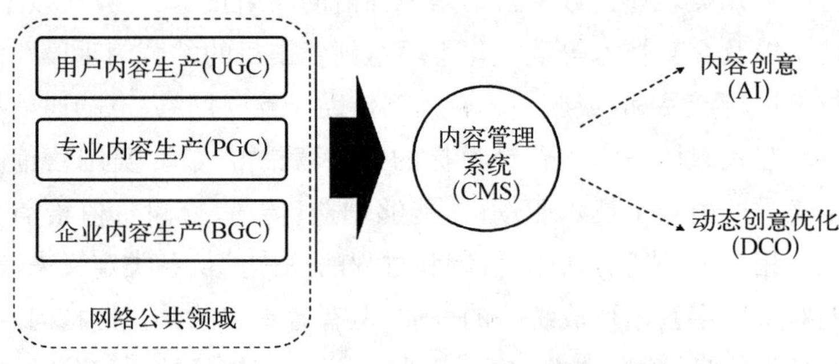

图 5 - 2　网络公共领域中的数字营销机制

公众在网络空间的行为痕迹，可以被聚集起来并被企业加以运用，进而形成整体性的概况，以促进企业的营销、运行、市场等行为。在一定程度上，大大优化与提升了企业能力，类似舆情监测（Soctal Listening）[①]、用户标签与画像（Personas）[②]等技术，都逐渐成熟与发展起来，推动着数字营销不断迭代。[③]

二、价值共创的实践场所

网络公共领域的实践领域，有其一定的特征，主要在于可实现公众交互的网络平台或场所。类似社交电商（拼多多）、内容社交（知乎、贴吧）、信息社交（QQ、微信）、视频社交（抖音、快手）等模式日趋成熟，逐渐形成了广泛的网络公共领域实践场所，企业与公众间的交互行为，实

① 孙飞显、程世辉、倪天林、靳晓婷：《基于新浪微博的负面网络舆情监测研究》，《情报杂志》2015 年第 4 期。

② 宋美琦、陈烨、张瑞：《用户画像研究述评》，《情报科学》2019 年第 2 期。

③ 余文伟、朱虹：《虚拟品牌社区中的品牌价值共创研究述评与展望》，《软科学》2020 年第 2 期。

质是一类价值共创的过程。有关价值共创的内涵，嵌入于时代性而发生着演变，学者有着不同维度的解读，顾客与客户共同创造价值①、供方与顾客间的互动过程②、价值共创由服务生态系统实现和驱动③、价值共创由顾客、企业和网络平台三方进行资源整合④、顾客与企业的社会价值共创形式⑤。在有关价值共创的内涵演进中，呈现的趋势表现为生态化的形成、实体与虚拟的多场景、价值性的延伸、动态化的构建，正在经历由初期的线下环境到网络化的数字环境，逐步再转向至整合线上与线下的交互化系统。⑥

围绕于虚拟空间情境下的价值共创研究日益增多，例如杜华勇等人基于电商交易平台的价值共创测量，运用定性比较分析(QCA)阐释了价值共创的发生性过程，揭示了价值共创过程具有不对称性；⑦裴学亮等人以淘宝直播平台为基础，运用结构方程(SEM)分析了"价值主张-实践-绩效"模型；⑧张燚等人运用小米社区，运用扎根方法剖析了小米在网络空间中的客户参与及价值共创实现路径；⑨朱良杰等人则面相数字世界，以综述形式分析了价值共创的新概念、核心要素和相关研究主题新动向。⑩

① Prahalad C K, Ramaswamy, *Co-Creation Experiences: The Next Practice in Value Creation*, Jorunal of Interactive Marketing, No.3 (2004): 231 - 234.

② Payne A F, Storbacka K, Frow P, *Managging the Co-Creation of Value*, Journal of the Academy of Marketing Science, No.1 (2008): 123 - 142.

③ Barrett M, Davidson E, Prabhu J et al. *Service Innovation in the Digital Age: Key Contribution and Future Direction*, MIS Quartrly, No.1 (2015): 98 - 103.

④ Singaraju, Nguyen QAAN, *Social Media and Value Co-creation in Multi-stakeholder Systems: A Resource Intergration Approach*, Industrial Marketing Management, No.3 (2016): 212 - 221.

⑤ 朱良杰、何佳讯、黄海洋：《数字世界的价值共创：构念、主题与研究展望》，载《经济管理》2017年第1期。

⑥ 焦娟妮、范钧：《顾客—企业社会价值共创研究评述与展望》，载《外国经济与管理》2019年第2期。

⑦ 杜华勇、滕颖、王汝平：《电商交易平台价值共创组态研究：一项模糊集定性比较分析》，载《社会科学家》2020年第6期。

⑧ 裴学亮、邓辉梅：《基于淘宝直播的电子商务平台直播电商价值共创行为过程研究》，载《管理学报》2020年第5期。

⑨ 张燚、李冰鑫、刘进平：《网络环境下顾客参与品牌价值共创模式与机制研究：以小米手机为例》，载《北京工商大学学报(社会科学版)》2017年第1期。

⑩ 朱良杰、何佳讯、黄海洋：《数字世界的价值共创：构念、主题与研究展望》，载《经济管理》2017年第1期。

在前期有关价值共创研究的基础上，对于各类网络平台数据进行采集、编码与模型构建，旨在对于发生于网络公共领域中的价值共创模式进行呈现。本书以微博文本为主，加之于其他社交平台来源数据为辅，主要包括：① 网络文本数据。运用网络文本爬取技术，对于微博平台上的企业与公众文本信息爬取与分析，采集时间段为2020年6—12月；② 网络民族志数据。参与品牌企业在微博平台上的社群，进行了为期6个月网络民族志观察，对于关键信息进行采集与记录；③ 其他形式数据。包括B站相关"Up主"有关案例企业分析的视频；各类公众号文章对于案例企业的分析（表5-1）。

表5-1 案例数据资料来源与搜集方法

具体方法	数据来源	选择理由
数据爬取技术与统计分析	微博平台中的文本数据（内容社交）	分析企业与公众在社交平台之上的互动信息，明确其价值共创发生过程
网络民族志	微博平台中的超话社群（社群社交）	通过社交群的参与式观察，以主体、客体结合视角，理解企业与公众的共创行为
视频分析	哔哩哔哩网站up主的视频（视频社交）	从第三方视角，了解对于案例企业的发展状况与社交营销策略
文献分析	微信公众号文章（内容社交）	通过公众号文章，了解企业的动态、活动、事件等信息

整个分析流程，则采用"扎根理论"方式，即由下至上的归纳式研究，将资料分解、概念化，进而形成一定的逻辑关系图示。主要分为三个步骤：开放式编码、主轴式编码、选择式编码，进而对于发生于社交平台之上的企业与公众间价值共创关键要素及模式进行阐释。

开放式编码

在概念化方面，分析了材料中有关价值共创要素（A类）与共创过程（B类）的相关语句，并进行抽象化概括，形成概念化，共建立了121个自由节点；在范畴化方面，对于相似的主题概念进行了合并与概括，获得价值共创相关要素范畴14个，共创过程范畴6个（表5-2）。

表 5-2 开放式编码(部分列举)

原文本内容	数据来源	概念化	范畴化
柔性直屏吗,麒麟 990 处理器? 亲亲,是的哈!	微博(华为)	a1 产品功能的探寻 a2 配置的探寻	A1 产品功能询问
p50 什么时候出呀? 快了哦	微博(华为)	a3 新品上市的探寻	A2 新品询问
戳链接→网页链接了解	微博(宝马)	a4 跨平台信息	A3 信息触达
运用微博、小米社区、短视频进行产品发布	B 站视频介绍(小米公司)	a5 多形式的信息传递	A4 信息渠道
关于打车超员的那些事,滴滴携手江苏警方给你提个醒! 要看到最后哦	微博(滴滴出行)	a6 超员现象 a7 警示视频	A5 超员行为提示
大包小包加钱包,随身物品掏一掏,出门一定保管好!	微博(滴滴出行)	a8 随身物品 a9 安全提示	A6 遗忘行为提示
快餐企业邀请顾客参观养殖场所	微信公众号文章(肯德基)	a10 生产参观	A7 公开生产过程
滴滴出行举办司机开放日,并召开共创会发言	微信公众号文章(滴滴出行)	a11 工作场所开放 a12 工作流程优化	A8 工作场所开放
可口可乐《新年心声》微电影。新的一年,你有哪些新年心声呢? 戳网页链接 #分享你的新年心声#	微博(可口可乐)	a13 信息传递 a14 态度与心情	A9 态度表达与传递
评论区晒出你的扭扭薯条,比比谁的最"扭"? 转发微博	微博(麦当劳)	a15 图片展示	A10 实物场景传递
BMW 特别为 Bimmer 准备了填色游戏空白模版	超话社群(宝马)	a16 色彩填涂	A11 色彩偏好
大概等我____岁了,我也会喜欢找个角落的位置坐着,慢慢吃着麦当劳	微博(麦当劳)	a17 对象定位	A12 行为偏好
星巴克福袋,好吃好玩好看!	超话社群(麦当劳)	a18 活动评价	A13 评价态度
#创新纯电动BMW iX3#,驾驶辅助系统很喜欢	微博(宝马)	a19 功能评价	A14 认同状况

续 表

原文本内容	数据来源	概念化	范畴化
即刻前往淘宝 App 搜索“可口可乐”,进入年货节主会场	微博(可口可乐)	b1 举办活动	B1 活动提示
快来报名#快乐畅爽大使出道计划#	超话社群(可口可乐)	b2 报名参与	B2 参与提示
推上万转了!是星爸爸的桃花咖啡!滴滴和花小猪北京全体司机免费安装防护膜	微博(星巴克)	b3 产品发布	B3 产品讯息
滴滴和花小猪北京全体司机免费安装防护膜	微博(滴滴出行)	b4 合作讯息	B4 日常讯息
【牛油果椰子麦旋风】or【芋泥珍珠奶茶】,让你#“金”“金”有味过牛年#~评论区晒晒吃了哪一个?	微博(麦当劳)	b5 询问产品的选择	B5 公众选择
#可口可乐生姜+#评论区留言告诉小可哦!	超话社群(可口可乐)	b6 对于产品的评价	B6 公众评价

主轴式编码

共创过程涵盖有3个主范畴,由此区分了讯息传递、参与和互动、询问和评价三类不同的价值共创形式与过程,这是在社交平台之中企业与公众之间实现价值共创所采取的主要形式,具体内容包括有日常各类资讯的发布、营销活动的推广、互动的行为、意见与态度询问、参与评论与反馈等(表5-3)。

表5-3 主轴式编码形成的主范畴

类别	编号	主范畴	初始范畴
核心要素	1	对话	A1 产品功能询问;A2 新品询问
	2	获取渠道	A3 信息触达;A4 信息渠道
	3	降低风险	A5 超员行为提示;A6 遗忘行为提示
	4	透明度	A7 公开生产过程;A8 工作场所开放

类 别	编号	主范畴	初 始 范 畴
核心要素	5	分享	A9 态度表达与传递;A10 实物场景传递
	6	个性	A11 色彩偏好;A12 行为偏好
	7	共鸣	A13 评价态度;A14 认同
共创过程	1	讯息传递	B3 日常讯息;B4 日常讯息
	2	参与 & 互动	B1 活动提示;B2 参与提示
	3	询问 & 评价	B5 公众选择;B6 公众评价

选择式编码

如图 5-3 选择式编码是将各个主范畴通过一定的系统性逻辑联系在一起,确立各范畴之间的关联,构建相关的故事线与行为路径。[①]通过前期的开放式编码、主轴式编码,已实现对于主范畴的锚定与定义,依照数字化社交情境中的价值共创发生性过程,构建"信息类型-共

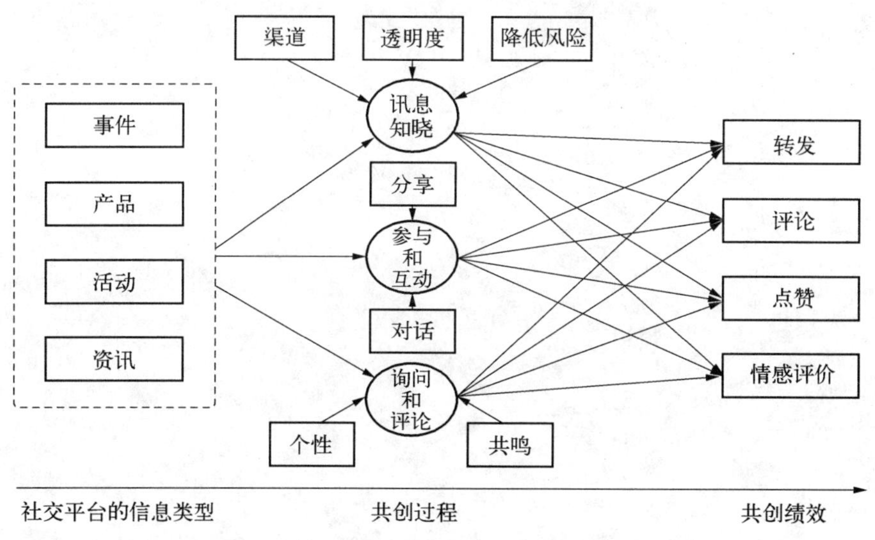

图 5-3 网络公共领域中的价值共创模型

① Strauss A, *Basics of Qualitative Research: Grounded Theory Procedures and Techniques* (London: Sage Publish, 1990), pp.213-229.

创过程-共创绩效”。首先，信息类型，即对于社交平台上的原数据资料进行类型化，可分为事件、产品、活动、资讯4大类，这是价值共创启动的重要承载形式；其次，共创过程主要采取讯息知晓、参与和互动、询问和评论三类策略来加以实现，而不同的核心要素则作用于不同的共创策略之上；最后，共创绩效则可通过社交平台之上的关键性指标来加以评估与测量，包括转发数量、评论量、点赞量。

发生于网络公共领域中的价值共创，为“企业-公众”之间的交互提供了新形式，也为商业发展提供新的策略选择，进而网络空间的商业性价值正在不断地被延续与体现。

第六章 网络公共领域的建构取向

依照哈贝马斯对于公共领域的形成要件分析，需要具备公众主体、讨论场所、理性思维、舆论形成等四类要件。纵观公共领域理论在网络公共领域中的运用，有着对于传统的延续，也有着对于过往的演变。传统理论在新的实践场所中内生出了许多新特征、新内容，由此成为网络公共领域构建的关键，在此对于网络公共领域的构建要素进行全面分析，旨在探究其形成的基本图景。

第一节　新会场的崛起

一、传统会场的衰退

哈贝马斯认为，"公共领域"源于古雅典会场(Agora)的公共集会，通过公众间的讨论，自由民可追求永久的美德。[①] 古希腊的会场，是城市公共空间的原型，它处于城市的核心，是一个自由的公共生活场所。对于城市而言，拥有一个会场非常重要。

在言行中表达自己是谁、积极展现个性，在阿伦特看来，城邦的竞技空间是在会场基础上形成的。这一空间由于道德同构、政

① Habermas, *the Strucural Transformation of the Public Sphere* (Cambridge: MIT Press, 1989), p.52.

治平等、排他社群的存在而成为可能，行动是自我向他人的展现。在政治与道德同构，缺乏匿名性的条件下，竞技，即在平等地位的人群间竞争卓越，是可以形成的。

当阿伦特将公共空间视为表达空间时，主要关注于面对面的人际交往。这类观念着重于公众的直接交往，同时，也预设了在共享环境下，存在一定程度的同质性融合。

哈贝马斯认为公共领域不仅是一个行动的舞台，而是由非个人化的交往、舆论与信息所构成。公共领域的空间性被得以削弱，公众越来越多地被非实体化。启蒙运动初期的资产阶级阅读公众，都是通过第三方的声音，也就是缺场作者的声音，来对于公共事务加以理性解读。视觉的公众逐步成了听众，公众不再是面对面的直接交流，而越来越多是通过报纸、杂志等非人格化媒介而建构，在沙龙、咖啡店依然存在着小规模的集会，进行面对面的交流。

哈贝马斯对于印刷媒介有着特别的偏好，在《结构转型》中，他认为广播媒介阻碍了扩大化思考与有距离思考。与印刷媒介相比，新媒介以独特的方式剥夺了接收者的反应，他迷住了公众的耳朵与眼睛。通过距离的解除，将其置于监护之下，公众的意义表达机会也被剥夺了。[①] 其后，哈贝马斯又承认了自己的分析是片面的，越来越多有关媒介接受的实证研究都对被动接受提出了质疑。

在哈贝马斯看来，传媒的民主衰弱于18世纪。在18世纪，新闻业的角色将个人意见转化成为了公共舆论，一张报纸可以帮助公众参与并影响公共决策。而19世纪以后，国家对于社会进行规制，理性公众被分为众多利益集团，公众舆论不再是理论话语的讨论过程，而成为对于传媒操纵的结果，社会的对话被管理了起来。这一切所造成的结果则是，公共领域成为公众声望的陈列区，而不是公众批判的地方。

公众共同在场、展开不受约束的对话思想适用于古希腊的会场，但是在大规模的现代社会环境下，传统的会场已经不能完全适应。现代的社会充满了复杂性，政治与经济决策后果过于扩散，古典的民主模式

① Habermas, *Furture Reflection on the Public Sphere* (Cambridge: MIT Press, 1992), p.439.

即使产生作也难以起到实质性作用，在这样一个世界中，行动过程的复杂性限制了它以一种参与性的方式被组织起来的程度。[1]

"当然，在许多社会生活中，个人可以在决策中扮演重要的角色，在这些过程中参与的加强可促进哈贝马斯所谓'舆论'的形成。但在国家层面上，很难看到有关舆论形成的参与性的理念以任何的方式实现。我们最好的希望也不过是握有权力的个人与组织的活动信息能够被更广地扩散，扩散的渠道更具多样性，需要强调建立起某种机制，使得这些活动能够厘清责任并受到监控。"

复杂社会的发展，标志着社会联系的增强，以及对于缺场的强调，而非在场。社交不再以行政管理、金钱交换为中介，而是改为以通信技术与媒介为主，传统公共领域中需要的借助于面对面交流的时代已经过去。古德提道："当代民主的关键问题不是如何呈现自己，也不是它如何通过媒介代表自己，而是公众如何与缺场者交往。因而需要在众多的媒介中，选择一类有效的媒介以帮助公众重归公共生活，而不是简单的成为被动接收者。在此众望之下，网络的出现则是对于过往会场的延续与变革。"

二、"新会场"的崛起

随着网络信息技术的普及，发送者和接收者的身份变得模糊，彼此之间获得了横向与纵向的沟通自由。使得公众嗅到了对话的复兴与"电子咖啡馆"的来临，[2]虚拟社区的先驱莱恩古德也欢呼"电子会场"的崛起。[3] 在电子会场之中，公众重新发现了辩论、发言和检验话语权利以及彼此求证的艺术，自高自大的传统传媒不得不挣扎维持其权威的光环，否则就会失去文化知识的守门人角色地位。[4]

针对传统的公共领域理论在网络社会中的适用性，有学者提出了

① Thompson, *Ideology and Modern Culture: Critical Theory in the Era of Mass Communication* (Cambridge: Political Press, 1990), p.120.

② Connery, IMHO: *Authority and Egaliarian in the Virtual Coffee House* (London: Routledge, 1997), p.252.

③ Rheingold, Howard, *Virtual Community* (London: Vintage, 1993), p.424.

④ Goode. Luke, *Jurgen Harbermas: Democracy and the Public Sphere* (MI: Pluto Press, 2005), p.107.

质疑。马克·波斯特认为："对哈贝马斯来说，公共领域是一个被具体化的主体所占据的同构空间，有着鲜明的对称关系，通过批判斗争来获得共识。这一模式在网络中被系统性的否定了。因而，在将互联网视为一个公共空间来加以讨论时，应当对于哈贝马斯的公共领域理论进行有选择性的抛弃。"①

所获得的实证支持是，在互联网环境中，哈贝马斯的理想言语情境根本无法实现。主体身份是首要问题，传统环境中，既定的身份附带了强烈的权利与责任意识，使得公共讨论变得更为谨慎与真实。而在互联网环境中，虚拟性、匿名性大大削弱了主体的责任意识，使得意义表达变得飘忽不定，进而影响着共识的达成。

网络中的电子会场与哈贝马斯过往提及的"会场"或"咖啡馆"有着很大的不同，其也成为一个数字化的超级市场，充满着丰富的菜单、信息、服务。卢恩菲尔德称互联网场所中弥漫着一种"未竞的文化"，整个场所像是"过程进行中的工作"。在微博这样的网络场所中，各类信息都可以被不断修正与补充，始终处于一个动态的过程之中，公众的意见就是在这一连续的互动中逐渐形成一致与共识，这是传统媒介或场所所不能达成的。"未竞的文化"能够协助公众形成和谐相处的感受，因为文本之外总有文本的存在，一类文本可以用多种手法接近，一种看法会有多种评价。②

尼古拉·加纳指出，尽管哈贝马斯的原始取向存在许多可改进之处，但是，其核心想法仍然是是否有益的，首先，公共领域概念始终将媒介的实践与制度同民主政治间的联系作为关注点；其次，哈贝马斯始终强调公共领域需要以物质为基础；再次，它避免了"自由市场/国家控制"这样的二分法，将公共领域的功能在市民与国家之间进行盘旋调停。③

在互联网时代，上述的益处都依然存在，哈贝马斯的公共领域为媒

① Poster. Mark, *What is the Matter with the Internet?* (MN: University of Minnesota Press, 2001), p.421.

② Lunenfeld, Snap to Grid: *A User Guide to Digital Arts*, *Media and Culture* (MA: MIT Press, 2000), p.284.

③ Garnham, *The Media and the Public Sphere* (MA: MIT Press 1992), pp.360 - 361.

体在民主社会中扮演的角色提供了一个有力的分析手段。政治信息的获取被视为政治知识与行为的前提条件，如果将信息视为民主的血液，那么，由互联网构建的公共领域则是血液得以流动的动脉。过往的媒介有着被金钱与权力控制的影响，导致民主共同参与的原则无法满意实现。当前互联网出现，更寄托于这一新场所为民主实践带来新的实现管道。

哈贝马斯强调公共领域向所有公众开放，但现实中却并非如此，它成为权贵阶级的专属领域。互联网的准入与无边界，为这一状况的改善提供了方案，更多的公众开始突破原本的数字鸿沟而加入这一新场所之中。聚集的自由保障了公众的自由进出，为公众的意义表达提供了便利。传统公共领域的会场被得以了颠覆，以便更好地顺应大规模社会中的交往关系，这种交往不可避免地克服了时空的束缚。一个特定社区或国家的成员，不再系于一个既定的地域而开展交往和群体建立。把人系于网络公共领域中的，不再是固化的共同境遇、观点与看法，而多样化且不断变换的相似与不同，网络中会场逐渐崭露雏形。

第二节　网络公众的主体性

一、公众的群体性争论

依照哈氏的公共领域理论，“公共领域”的重要构建条件是由脱离于个人或集团私利之上，也不受国家或其他权力影响，或为其服务的私人资源集合而成的、具有一定规模的公众。公共领域中的公众具有三个主要的特质：首先，拥有共同关注的普遍利益，这种利益是超越于私立之外的，建立于公共利益基础之上的；其次，自愿的、自由的组合，可以自由实现自我的意义表达；最后，则是其拥有一定的规模，这一规模具有需要有多大，这取决于普遍利益的性质及其普遍性而定。

在哈贝马斯笔下，17—18 世纪的权贵、资产阶级与知识分子所讨论的公共权力还称不上公共领域，因为它所代表的是特定阶层、阶级的利益，而非广大公众的共同旨向。直到19世纪，一个规模庞大、自由流动的城市平民与劳动者群体大众群体开始逐步崛起，一个代表大部分人利益的“私人”，即公众的诞生才构成了公共领域的必要条件。大众是无产阶级、贫民、社会底层群体，在他们身上具有共同的特征——无权无势无钱。基于他们彼此相似的历经与背景，拥有了共同的普遍利益，他们的出现有效制衡了统治精英一统天下的格局。大众作为一股新生力量冲破了传统精英社会的一元治理结构，改变了社会统治局面并不断挑战主流价值观。

随着20世纪工业社会的到来，这股力量不断得以延续与强化，广播电视、报刊杂志日益培养出公众民主权利与观念。伴随着21世纪信息化的发展，互联网媒体为公众营造了一个表达自由、平等、民主的场所，公众的身份由现实转向了虚拟。此外，互联网的无边界、去中心、匿名性等传播特征，使得网络公众的民主、民权得以不断衍生与扩展。网络中的公众并非是凭空生成的，而是源于现实的生活，虽然有着一定的虚拟性，但依然是对于现实公众的真实投射。

当前，网络已经步入一个众声喧哗的时代，公众个体的利益诉求，可借助网络予以表达，其可以以群体规模在网络中抒发意，公众有着私利的考量，同时也有着对于公共利益的思考。卷入这一场所中的公众身份，并非限于权贵或平民，而是有着多样性特质。他们共同联合起来，显示出了公众群体的强大力量，这表明：由丰富身份角色组成的、具有一定规模追求共同利益的网络公众已经形成，在较大程度上与哈贝马斯所描述的“公众群体”相契合，因而网络公众能够较好的代表公众群体的利益与呼声，他们在网络中具备鲜明的主体性。

二、网络公众的肖像

对于网络公众的主体性与代表性讨论，需要对于公众的整体概况进行了解，关注于网络公众数量、性别、年龄、职业、收入等，这是反映公众状况的关键要点。在此采用中国互联网信息中心《中国互联网发展状况统计报告》，作为数据分析来源。

首先，网络公众数量。截至2021年6月，我国网民规模为10.11亿，较2020年12月新增网民2 175万，互联网普及率达71.6%，较2020年

12 月提升 1.2 个百分点。[①] 可见网络中公众已经接近中国人口的一半，且数量还在不断增长，这部分公众已不是一批小群体，而是能够代表中国其他公众的大众群体，具有着鲜明的主体性与代表性(图 6-1)。

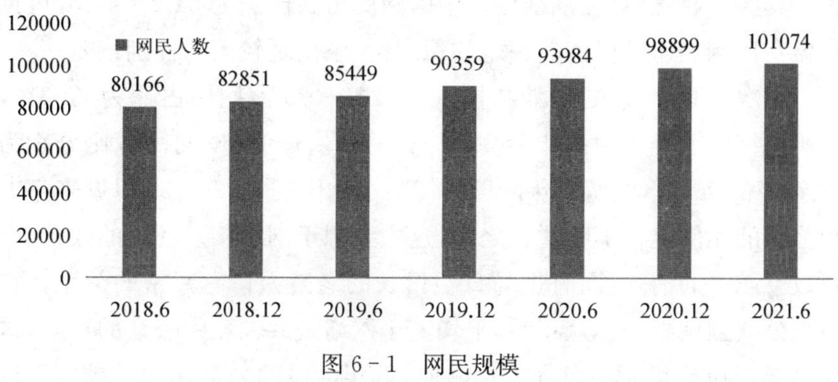

图 6-1　网民规模

在移动互联网方面，截至 2021 年 6 月，我国手机网民规模为 10.07 亿，较 2020 年 12 月新增手机网民 2 092 万，网民中使用手机上网的比例为 99.6%，与 2020 年 12 月基本持平[②](图 6-2)。

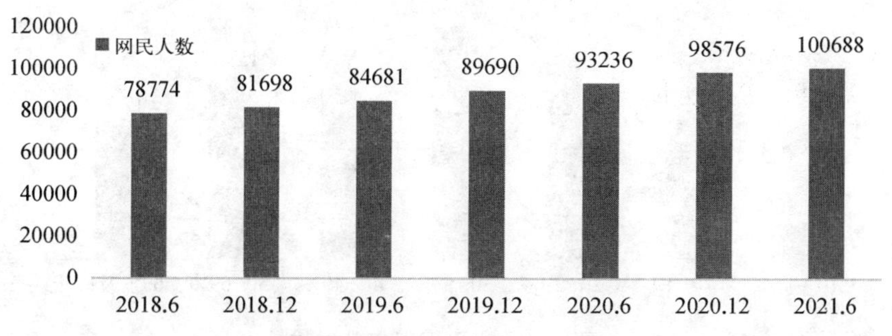

图 6-2　移动互联网用户规模

在网络公众接入网络的渠道与方式来看，在调查对象中，运用固定宽带接入用户为 5.1 亿，而通过蜂窝物联网用户为 12.94 亿户。[③] 可见移动互联网的发展给予了公众更多接入网络机会。同时，移动互联网较传统的网络接入方式有了更多的改善，可以实现随时、随地、随

① 中国互联网信息中心：《第 48 次中国互联网发展状况统计报告》，2021 年 8 月：第 23 页
② 同①，第 24 页
③ 同①，第 21 页

意地上网，使得网络公共领域中的公众较大程度上突破了时空的束缚，这有利于大规模网络公众的形成与集聚，为进一步的彼此交互创造了机会。

其次，网络公众性别结构。中国网民男女比例为 51.2∶48.8，可见在男女比例上还是保持着一定的稳定性，未出现较大的性别偏差。①

再次，网络公众的年龄结构。我国 30—39 岁网民占比为 20.3%，在所有年龄段群体中占比最高；40—49 岁、20—29 岁网民占比分别为 18.7%和 17.4%，在所有年龄段群体中占比位列二、三位。但近来年老龄公众的比例也在不断增加之中，这主要源于网络接入环境的改善，以及数字鸿沟的消除，同时也与日益增长的老龄人口有紧密的关系。在传统公共领域中的公众年龄，平均大于网络公共领域中公众的年龄，这主要源于讨论场所的可介入性限制，低年龄段的公众往往被排斥于讨论场所之外。而网络环境使得不同年龄层次的公众都有了平等的介入机会，使得意义的表达更具普遍性，能够代表不同层级与年龄的公众意见（图 6－3）。

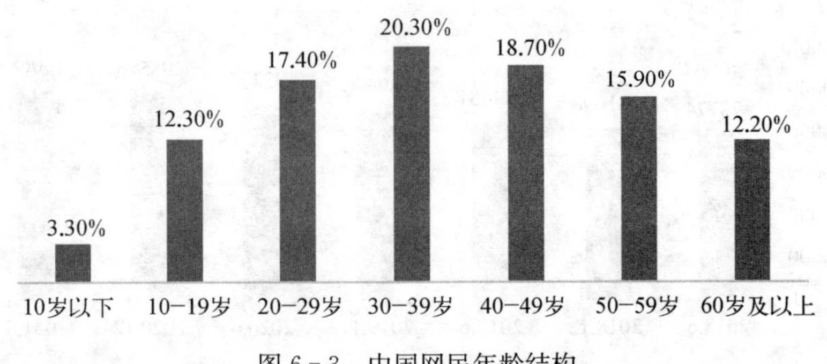

图 6－3　中国网民年龄结构

网络公众的学历结构，初中、高中/中专/技校学历的网民群体占比分别为 40.3%、20.6%；小学及以下网民群体由 2020 年 3 月的 17.2%提升至 19.3%。网络公众在学历方面出现了低学历化特征，这与过往传统公共领域所强调的权贵、知识分子有着不同，这直接对于网络公共领域的讨论内容与质量产生着影响②（图 6－4）。

① 中国互联网信息中心：《第 48 次中国互联网发展状况统计报告》，2021 年 8 月：第 23 页

② 中国互联网信息中心：《第 47 次中国互联网发展状况统计报告》，2021 年 2 月，第 32 页

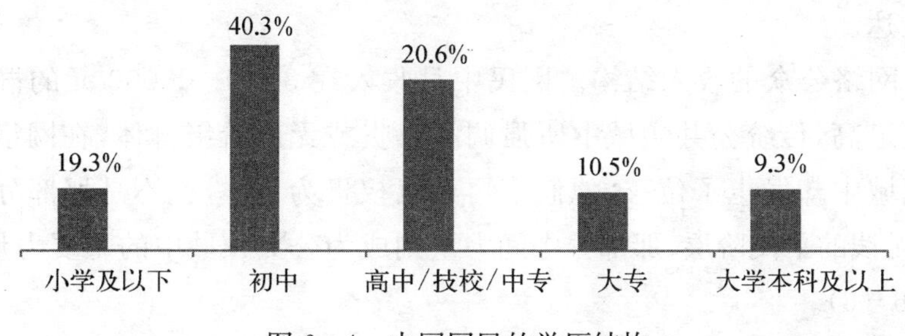

图 6-4　中国网民的学历结构

网络公众的职业结构。截至 2020 年 12 月，网民中学生群体的占比最高，为 23.8%，其次为个体户/自由职业者，比例为 22.3%，企业/公司的管理人员和一般职员占比合计达到 17.0%①(图 6-5)。

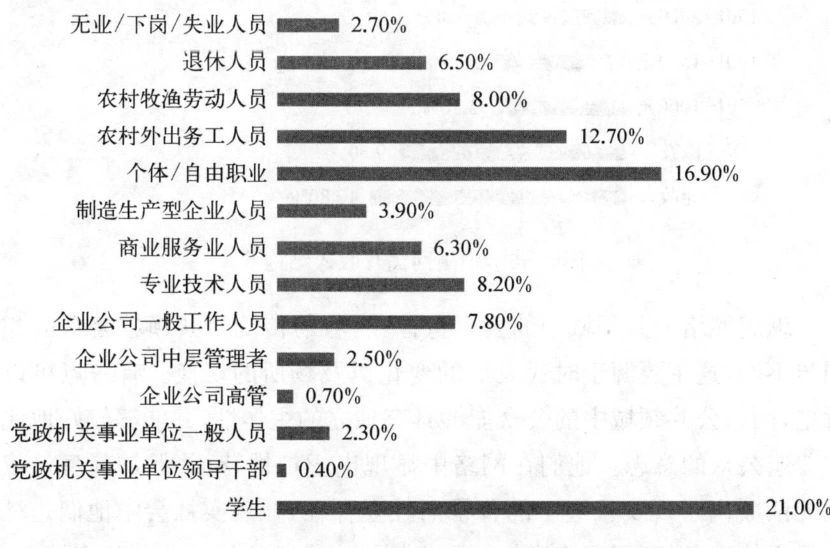

图 6-5　中国网民职业结构

传统网络公共领域强调了特定的群体，或是权贵、知识分子，或是平民、草根，两类群体独立存在，彼此之间存在着鲜明的区隔，整个公共领域只能有某一特定的阶层或群体组成。而在网络公共领域中，公众的构成有着丰富的来源，并不限定于特定的群体或阶层，使得公共领域内的主体背景更具丰富性，这有利于不同利益、态度诉求

① 中国互联网信息中心：《第 47 次中国互联网发展状况统计报告》，2021 年 2 月，第 26 页。

的表达。

网络公众的收入结构。网民中月收入在 3 001—5 000 元的群体占比最高，传统公共领域中所强调的权贵或无产阶级群体，在网络公共领域中却发生了位移，他们不再是以权贵为主体，也不是那部分无权、无钱的平民阶层，那部分中间力量则成为公共领域中的主要力量[①]（图 6－6）。

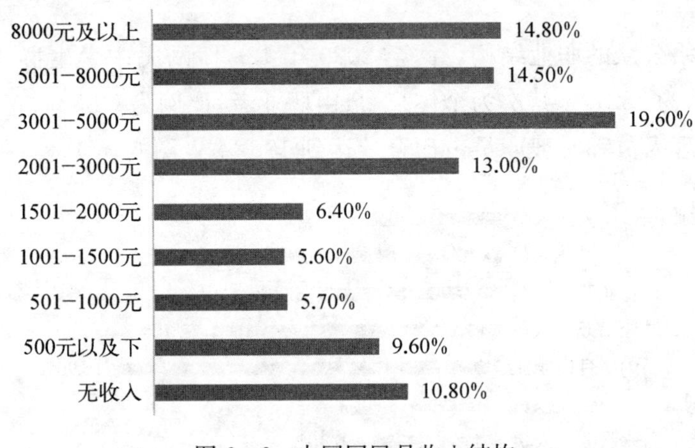

图 6－6　中国网民月收入结构

纵观网络公共领域中的公众肖像，有着与传统公共领域公众的相同与不同，这主要源于时代发展的变化以及场所的切换。有一点可以肯定，网络公共领域中的公众能够具有独立的主体性，并能够较好地代表普遍公众的意志。他们在网络中显现出虚拟性特征，但是其身份依然无法脱离于现实社会中的背景而独立存在，在现实社会中他们是社会的主体，所以到了网络中依然是虚拟社会中的主体。论其代表性，它较过往公共领域中所强调的公众有了更为深刻的内涵与构成，淡化了权贵或平民的两极化取向，使得不同职业、不同收入、不同年龄段的公众都有了参与其中的机会，并在其中平等、自由地实现自我意义表达，这对于过往的公共领域是一种延伸与突破。参与网络公共领域的公众不再是单一的群体构成，多元化特质使得讨论的内容变得更为多元，思辨的过程也变得更为深刻，最主要的是其能够代表最广大群体的利益

① 中国互联网信息中心：《第 47 次中国互联网发展状况统计报告》，2021 年 2 月，第 27 页。

诉求，因而其代表性更具普遍性意义。

第三节　感性与理性的嵌入

在传统公共领域的构建要素中，公众的理性化特质是其构建的关键，公共空间的讨论离不开对于理性思维的运用，所有的批判言论蕴含着对于理性的尊重。在网络公共领域中，公众的理性与情绪作为一项研究重点而被关注。其中存在着不同的声音，有人认为网络中的言论是不加思考地随意发挥，都是胡言乱语，只是情绪的宣泄，毫无理性的深刻思考。而有人认为，网络中共识的形成依赖于公众理性思考的集合，它经历了公众深思熟虑的过程，进而形成了一致。

在此认为，网络公共领域是由公众的理性思维与情绪化所共同构建而成的，即理性与非理性并存于这一场所之中。依照韦伯对于理性的判定标准："一个行动的发生是否经过手段与目标之间的权衡，这一过程少有情绪的介入。"网络中的理性表征则是公众对于文本、图片、图像等各类符号的看法与表述，背后蕴含着公众的深刻思维与逻辑。而情绪化（感性）表征则是对于网络文本符号的激情宣泄，表达了公众鲜明的态度、情绪与偏好。

一、网络中的感性成分

从认识角度理解，阿德诺"评定-兴奋"理论认为，情绪是对趋向知觉有益的、离开知觉为有害的一种体验倾向，这种体验倾向于一种相应的接近或逃避生活变化模式所相伴。[①] 感性化所特指了公众在交流过程中所带有的情感，这类情感具有动态性表现，主要分为三类：平和、激情与应激。从功能上来看，有着积极与消极的区分。感性的形成与表现，需要借助于人际交互之间的意义解读与理解，而并非独自的拟写。网络公共领域中的话语感性，更多是社会交往的情绪表现。

在日常现实生活中，感性化的表现都是基于理想或理解与现实之

---

① 林立树：《现代思潮：西方文化研究之道路》，中央编译出版社 2014 年版，第 225 页。

间的差距，如若不加控制则会有着直接或间接的表现。在传统公共领域的场所中，不乏有着情绪的表达，但是由于受着面对面的限制，因而情绪化在较大程度上被得以抑制，以确保自身形象的保护与对话的延续。而在网络公共领域中，由于彼此之间的交流并非是直面的，往往通过文本符号来得以实现，网络的匿名性使得公众不必为自己的感性而自损形象。因而，在网络情绪的表达会变得更为直接与激烈，这是公众感性的真实呈现。《乌合之众》提到，集体行动与情绪并不比个体行动来得高明，反之，其中蕴含着更多的非理性与感性表达。网络聚集了大量的公众，形成了庞大的群体，在集体表达与行动中则存在着这类情感的身影。

网络上的感性化给予公众个体的成长与对于世界的领悟，当前情绪化的出现是十分正常的现象。随着互联网的发展与公众的认识提升，当其发现感性阻碍事物发展预期时，公众则会降低情绪的强化而转向于理性。由此，平和、理性由修养形成，而并非简单的抑制与管控。

在强调网络感性负面影响的同时，其也有着自身积极的一面。情绪化有着鲜明的立场，或支持或反对。在传统公共领域场所中，由于彼此之间的直面性，在意义表达与情绪宣泄方面都有着一定的顾忌，时而会出现模棱两可的态度，缺乏真实的表达，将直接影响着讨论的质量与结果，因而公共领域的现实意义被较大地削弱。互联网的存在，以及感性表达的可能，则能提高人际交互的交往效率，使得公共领域变得更为真实与高效。

二、内嵌的理性思维

网络公众个体是感性与理性的结合体，在其行为意识中，有着纯粹的感性表现，也有着基于自身利益考虑的理性思考。在现实生活中，对于某一问题的讨论，会直接提升理性的强度，特别是那些公共事务。公众在网络上表达只代表自身的利益，并未掺杂较多的禁忌与顾虑，因而常常表现出情绪化倾向，但其背后所透射的还是有理性成分。首先，从其表象来看，网络公共领域中含有虚假言论，和言语暴力等非理性行为，但其背后却有着明确的真实意愿，他们有着对于自身现状的仔细思考，并寻求的未来改善，具有明确的指向性。这说明在网络公共领域中存在一种隐性的理性，只是在意义的表达方面缺乏规范与策略。其次，网络公共领域中的情绪化表达能够触发理性讨论与行动。在网络中充满着情绪的表达，剔除其中的感性成分，剩下的则是理性思考的结果，这些观点与意见，往往是触发公众群体集体讨论与行动的源泉，它的作用犹如引子一样，虽然它的触发是由感性与情绪所引起的，但是它的延续与发展却包含着理性的成分。许多公共事件与问题的开端，都是源于一些图片、话语或是调侃，大多数情况下是公众情绪的宣泄，但是由此所引发的是公众从多维度对于事件的解读，最终不乏形成观点评论、措施方案等各类结果。公众意义表达过程成就了拥有独立思考与评价的"专业人士"，有时理性并非都需要通过精确的计算，它往往就隐含于许多不经意的表达之时。最后，网络公共领域中的感性表达并未存在于所有议题之中，而是有着精心的挑选。对于网络环境中的话语表达，可以用纷杂、互斥、碎片等字眼来进行描述，这都是公众情绪化表达的结果，其往往都存在于那些争议性的事件之中。但不能因此而认为所有的事件中都充满着浓厚的感性色彩，在许多涉及公共事务与事件议题中，经常出现的不是那些感性，而是更多的理性思维与判断。例如对于某些政策的态度、特定现象的应对措施等。这说明网络公众在实施自身民主与参与过程中，有着一定的选择性，他们并未将网络视为单纯的情绪表达之地，而是能将其很好地运用起来，以更好地帮助到自己来实现有效的意义表达，在这一行为上则表现出了明显的工具理性取向。同时，他们在网络中对于特定公共事件与事物的严肃应对，也表现是其理性思维的重要表现。

当网络公共领域中的公众表达了他们的意见与态度后，如何决定那类说辞更为有益，就必须依照"较佳的论证"原则。但是较佳的论证并不像哈贝马斯所说的那样，纯粹以理性为衡量的标准，而是包含了理性与非理性的论证。有时简单的陈述与抗议，比起滔滔不绝的说辞更能打动人心，也更具说服力。此处的"较佳论证"并不假定追求普遍的规范力量，或试图建立一种自由主义式的普遍价值体系。所谓的最佳或较差，完全依赖于由交往互动的相关人群自行判定，只要参与对话的公众都认可某类论证，那么这个论证则被视为是有效的。

同时，网络公共领域并不是理性的真空地带。它是最为理性与非理性结合的产物，就如同社会本身就存在着两重性。韦伯所论述的工具理性行动是一种理念，并不是现实存在。任何人都难以达到绝对的理性，网络公共领域上的讨论总带有理性，也难免也会有着非理性的成分，这是不可避免的。

综上所述，网络公共领域中的谈论有时会演变成情绪宣泄，它反映了互联网上的民意，其蕴含着积极的意义。首先，情绪化的言语在日常生活中表露出公众的真实反应；其次，带有情绪化的话语能够代表公众的态度倾向；再次，貌似非理性的情绪化话语蕴藏着理性诉求，价值观念嵌入情绪的形成与发展过程之中。

第四节　网络中的公私边界

基于哈贝马斯对于公共领域的论断，其建立于公共权力与私人空间之间的真空地带，是一个非公非私的领域，为了更好地加以辨认，即用了市民社会来进行确认。[①] 在这样一个模糊地带之中，公众有机会脱离于公权力影响与管控，同时又能将自己的私人空间加以延续，由此成为构建公共领域的重要要件。而随着时代的变迁与发展，以及互联网技术的运用，原本的这类地带却在变得更为模糊，脱离于公与私而存在的第三空间开始变得难以寻觅。[②] 取而代之的则是公与私之间实现不断转化与融合，从而形成新一类的第三空间，进而成为了构建网络公共领域的关键。

私人空间的公共化与公共空间的私人化，都表明了公与私的边界正在发生变化，在此情况下，公共领域与私人领域中都需要重申自我。然而，互联网的出现令人们对于公与私产生了新的印象。自从进入现代社会以来，对于公私的边界问题一直争论不休，讨论的结果是对于公私的不断定义。在当前的互联网时代，公与私的争论又被推至了面前，以供公众再次审视。

① 党雷：《微博环境下公共领域的建构与规范》，载《青海社会科学》2012 年第 1 期。
② 田钦：《网络公共领域的新特征》，载《福建论坛》(人文社会科学版)2010 年第 2 期。

公与私本身就是社会建构的产物，这一范畴被社会成员创造、延续与改变，媒介在这过程中发挥着重要作用。互联网所牵涉的公众生活有公共部分，也有私人部分，公众在网络中的议题也具有公私混杂特征。基于网络环境下的微博，作为重要实践场所，来展现其公与私的现状。

一、网络中的公私二重性

现代社会，公众经历着两个平行的过程，私人空间的公共化与公共空间的私人化。这两个看似不相容的过程，却实现着彼此渗透，第一个过程中，过去被视为纯个人的私事成为公众的焦点，无论隐私以何种形式被侵犯，都意味着私人与亲密生活领域被逾越，个人的理解与内在意义被重写。第二个过程则反映了公共生活的缩减，政治先行成为地方性，然后变为个人性。

公共空间的私人化是社会发展的一个重要标志，毋容置疑这是历史演变的产物，渗透于生活领域的方方面面。与哈贝马斯批判工具性导致“生活世界的殖民化”不同，社会学家鲍曼认为，“个人使得公共空间殖民化”了。① 公共空间成为一个公开承认个人秘密与隐私的地方，公共空间日益缺乏对于公共性问题的讨论。纵观网络公共领域的讨论议题，有着众多的私人问题被加以讨论，往往能在较短的时间内成为焦点，并实现着广为流传。而那些涉及公众的公共问题，却被忽视，其谈论的广泛性与持续性都不及那些私人问题。公共空间被私人所占领，公共关注被贬低为对于公众人物私生活的好奇心，公共生活的艺术也被局限于私人事务以及公众对于私人感情承认的公开展示。由此可见，哈贝马斯所提及的公共问题，与当下公共问题的内涵已经开始发生位移，不再是单纯的政治与公共事务，而是融入了多样性特征，这主要由个体私人问题的性质所决定。

微博作为网络中的重要空间，具备有上述内容的双重性特质。对于“爱秀”的一代来说，表演与存在，也正是公共域私人，有时难以辨认。如莎士比亚所说：

---

① 鲍曼：《个体化社会》，范祥涛译，上海三联书店 2002 年版，第 131 页。

整个世界就是一个舞台，
所有的男男女女都是演员。
他们有各自的入场与出场，
一个人在一生中扮演许多角色。

戈夫曼同意这种看法，在其《日常生活的自我呈现》中，重要讨论的则是互动过程中的印象创造与管理。从戏剧的角度来看，这是一门艺术，所不同的是在日常省会中有些人能意识到自己在表演，而有些却没有，但不管是否意识到，每个人的行为都会给人以某种印象，因而每个人都有意或无意地引导别人按照特定的方式来看待自己。[①]

在当前的网络环境下，公众以不可想象的方式来进行着自我的印象管理，他们在网上从事多种活动，显示着自己的多个维度。一个人的自我概念与这些网上活动显然有着密切联系。自我概念看似十分秘密，但也是高度社会化的现象，只能在发生于自我概念同网络环境的互动之中，很难判断哪些是属于自我的私人，哪些是属于大众的公共，彼此实现着共生。

印象管理与自我展示有着相同的含义，依照布朗的定义："自我展示行为指任何旨在创造、修改别人对于自己印象的行为。"[②]在微博未流行前，许多研究者都视个人主页为自我展示的主要渠道，华莱士认为制作个人网页可以被视为对于理想化自我的表达方式，它是使别人对自己产生印象的简单方法，可以告诉全世界自己的事情。[③]

个人网页毕竟还是 Web1.0 的产物，很难和公众产生互动，它更像是一块告示板，提供单向的信息，读者除了获取此类信息外，难有更多的作为。而微博则开启了 Web2.0 的时代，它虽然也是个人的私有产物，但是其依赖于公众的评论与转发，形成了一个虚拟的公共社区。贴文构成了关键的单位，而不像过往的私人网页那样，以页面为中心。网络公共领域中的信息既可以是单向的，也可以是双向的传播，微博用户可的互动程度可以因他们的意愿而定。公众可以是阅读贴文，也可以

① 戈夫曼：《日常生活中的自我呈现》，黄爱华、冯钢译，浙江人民出版社 1989 年版，375 页。
② 布朗，《自我》，陈浩莺译，人民邮电出版社 2014 年版，第 139 页。
③ Patricia, *The Psychology of the Internet* (Cambridge: Cambridge University Press, 2018), p.32.

是查阅图片、视频或其他链接,他们将自己的分析与意见连同额外的信息反馈给信息发布者,从而实现着彼此的意义表达与互动,它是公开、实时的,经由各种形式而连为一体。①

可以看到,例如微博这类网络公共领域的实践平台,它不仅仅是一个私人的媒介,且也具有公共性。公众在完成对于私人信息与意志的表达时,也有意或无意地被暴露于公众视野之中,由而成为公共事件与事务。并在不断的持续互动中,实现了个体行动向集体行动的转向。因而,网络公共领域中存在公与私双重身影,两者糅合而成了一个特有的空间。

二、公私混杂的矛盾

微博的公私双重性,导致了其在社会和政治生活中的影响呈现出复杂的局面,从私人空间的角度来看,隐私被进一步侵蚀,关于哪类信息属于私人、哪类属于公共的界定变得更加模糊不清。公众在微博上披露自己的偏好、出行、意见与态度,许多公众都融入一种虚幻之中,认为适合分享给朋友与私密之间的内容也适合于分享给全世界。或者说,很多人将微博视为私人记录来加以使用,但忘记了其本身是一个公共的平台。

显然,微博提供了一个不同于以往的意义表达场所,它有着私人化特质,但它又能达到广大受众。它不同于传统媒介那样具有专业化的人员把关,而是依赖于个人用户在一个持续的基础上不断地增进内容。它能够形成强烈的自我感,这是在线的符号书写所决定的。然而其各类符号都是公开的,能够在大范围内进行广为传播,从而成为一个大众传播的工具。

网络公众领域显示了一种公共信息与私人信息的矛盾组合,它挑战了对于公共空间与私人空间的传统认识。新媒体技术的介入使得个人拥有了把个性化体验向大众传播的力量,在其不断以各种形式渗透于日常生活的过程中,私人空间被赋予了公共性,而部分的公共空间又

---

① Kaye, Barbara K, *Blog Usc Motivation: An Explpratory Study* (New York: Routlege, 2017), p.424.

被私人化了。以微博为代表的媒介中，无论从法律层面还是社会层面，私人的边界都尚未清晰地建立起来，新的公共规范也尚未形成，使个人在遇到公私纠缠的情况时，采取的是一种模糊且随机的方法与策略。

在网络环境中，公私之分会变成一个辩证的、动态的妥协过程，被公众自身的体验与期待以及他们之间的交往所限定。网络公共领域带给了个人公开性与满足感，在一定程度上也是对个人想法有意义的确认。李普特曾提及："每个人的行为都不是依据直接而确凿的知识，而是他们自己制作或者别人给他的图像。"传统的媒介与场所，给公众展开了一幅公共的图像，但是个体却无法独立地展开独立体验。而当前的互联网，却把私人头脑中的意见、态度与图像，向全世界的公众进行传播。哈贝马斯对于传统公共领域的空间界定，即非公非私，在网络环境下，这类性质被打破，公私变得不再那么容易区分，更不用说是脱离于他们的独立存在空间。公与私的迷糊边界，使得它们之间的互动与转变变得较为顺畅，且在逐渐融合在一起，成为一个稳固的形式而存在，这是构建网络公共领域的重要条件与基础。

第七章

结语：网络公共领域的现实图景及未来发展

第一节　网络媒介下公共领域的重构

一、网络公共领域的兴起

阿伦特、哈贝马斯等人的传统公共领域理论，为公众窥探公共场景、议题与行动提供了理论支持，其有着特殊的时代背景与指向。纵观过往对于公共领域的研究与探讨，无不嵌套于传统的公共领域理论约束，很难跳出此框架之外形成独立的思考，在较大程度上已经成为经典。在哈氏看来，公共领域首先是一个独立的活动空间，该空间应该介于私人与公共之间，在这个空间内，具有批判思维的公众不受权力机构干预，可以就公共事务展开自由辩论，形成公众舆论。沙龙、咖啡馆成为公众讨论的场所。这类社会交往的前提不是社会地位的平等，只是鉴于"单纯作为人的平等"的精神，原则上对所有公民公开。当公众的话题涉及国家政治活动时，公共领域则开始具备政治功能，而区别于前身文化公共领域。

私人领域与公共领域呈现融合现象，社会领域与内心（家庭）领域两极分化，致力于文化批判的公众转向于文化消费，原有的公共领域开始瓦解，公共领域的结构也开始发生变化。同时，商业促使广告宣传侵入公共领域，公共舆论沾染了操纵的意味。哈贝马斯认为公共性的功能从自发性，转向一种展示机制、被操纵的整合原则，由此公共领域开始走向于消逝。

信息技术的发展，为公众提供了一个新的实践场所。此项研究依托于网络空间为基础，对于公共领域的真实存在、现状与特征进行了诠释。从微博多元化的意义表达及准入优势来看，为公共领域的持续存在，提供了支持与便利，其公共性、平等性、民主性等概念在当下具有较好的适用性。①

互联网的发展促进了人与人之间的沟通，使彼此之间的沟通也开始呈现出新的形式，开始转向虚拟空间，相互的交流由“在场”讨论变为“缺场”的互动，可供公众讨论的空间得以无限的延伸，这为批判精神的产生与公众舆论形成提供了环境与空间，从而塑造出了一个崭新的公共领域形态，为网络公共领域的形成了支持。当前，网络公共领域的的为公共领域的重构与变革提供了契机，其本身有着对于传统公共领域的延续，同时也有着诸多不同。

网络公共领域已经成为信息时代公共领域的主流形式，互联网较大程度上拓宽了参与者的来源渠道，调动了公众的参与热情，在交流与沟通中最大程度上体现了公平、平等与公开原则，成为网民意义表达与话语传递的主要场地。网络空间在不少国家的意义在于信息获取与互动。而在中国，其已经成为一种重要的生活方式。许多公众每天打开电脑，登陆互联网，就开始对各类 BBS、论坛、微博、微信等空间进行浏览，并乐于对各类议题与主题发表自己的意见与看法，这显然已不仅是单纯的公众参与，已然成为一种习惯。在其不经意的过程中，各类意见、态度与观点开始汇集，成为公众舆论的重要阵地，从而使中国网络公共领域的兴起在信息时代到来之时成为中国网络政治发展过程中的重要特色。

中国互联网用户的增长与公众对于公共议题与事件的关注度提高，网络民意在国内迅速延展开来，开始发挥重要的影响与作用。网络公众的意义表达是网民借助微博、微信等网络空间对于公共事务发表意见与态度，聚合某种诉求与愿望而形成公开的民意表达，是网络公众

① 周雪怡：《公共领域理论的微博应用》，载《青年记者》2011 年 8 月下。

对于某一公共事务思想观点的集中呈现。由于网络公众的意义表达依托于互联网，其本身的生成与传播速度十分迅速，短时间内就能产生很大的影响力，这一点相较于传统的公共领域在特地场所（比如咖啡店、沙龙等）内的讨论与传播有了较大的拓展。

网络舆论是公众对于公共议题所进行的行动表达，是具有影响力的意见。公众主要以网络中帖子、发言、评论与转发为主，以及其他一些网络言论的表达形式。由于互联网的开放性、即时性与交互性，网络公众意见的形成与传播，呈现出与传统大众媒介所不同的特点。伴随互联网的快速发展与网民群体的持续成长，中国网络公众意义表达的影响力开始日渐增长，其讨论的议题与内容也开始不断丰富与广泛。公众在网络空间内形成了一股强大的自组织力量，来关注与参与公共议题与事件，在一定程度上还影响着政府的各类决策与行动，这一点也相较于传统公共领域中特定群体自娱自乐式的群体讨论有了较大的突破，使公众的声音得以了放大，触发更多群体的关注。纵观网络公共领域的崛起，主要有着以下几方面的重要表现。

首先，在中国网络空间里，形成了一批具有理性批判思维与反思精神的网民。他们能在空间里讨论、激辩中形成共识。网络行为主体的匿名性使得网络公众能放弃现实社会中的种种束缚与顾虑，大胆就自己关注的议题进行自由的意义表达，并进行批判性的讨论，其介入程度在一定程上会比现实社会中的讨论来得更为深刻与真实，这有利于批判思维与反思精神的形成。在网络公共领域内，公共议题常常受到具有批判意识的公众监督，自由、平等的讨论，已成为重要特征。大量公共事务或事件涌入公众的视野，公众开始有机会就公共权威、政策进行思考与讨论，并开始消解传统金字塔模式的社会政治结构与体制，这是传统公共领域所期望但无法达成的，互联网则为其提供了可能。公众在网络中较少受到束缚的虚拟表达形式钝化了话语责任机制的效力，也为理性的批判甚至是非理性的批判提供了场所。网络为公众塑造了一个更为自由、更为开放、更能呈现真实表达的批判机制，批判越来越成为展现自主意识自由精神的思想模式。[①]

① 熊光清：《中国网络公共领域的兴起、特征与前景》，载《教学与研究》2011 年第 1 期。

其次,网络公众已拥有了自由讨论与意义表达会场。Web2.0 为其提供了一个自由畅想与表达的场所,包括微博、微信、B站、抖音等,都已经成为其实践的重要平台,其相当于过去传统公共领域中的咖啡店、沙龙等文化场景。网络空间以其自身开放、自由、自组织、聚合性特征为网络公众表达提供了技术支撑。Web2.0 通过革命性的传播方式为公共沟通与互动建立了以自组织、弱链接的社会关系网络、以开放动态互联网为技术平台的意见组织机制、以个人为主的意见表达机制,从而使得网络公众的表达变得开放成熟、理性成熟。当网络虚拟社会开始涉及公共事务,并具备引导政治实践的可能条件时,网络实践空间随即产生了。网络公众与交互起来更为便捷,不再受到时间、空间等客观要素的限制,成员的加入也脱离了对于身份的要求,这相较于强调身份与角色的传统公共领域而言,是一种进度与突破,这些新媒介、新形式为网络公共领域的形成提供了基础。

最后则是在网络环境中,能够形成一定的共识与舆论。哈贝马斯认为:"有些时候,公共领域说到底就是公共舆论领域,它和公共权力机关直接抗衡。"[①]网络中那些踊跃发表意见、讨论的网民,通过特定的平台与渠道,真实地表达着自己的意见,并试图通过特殊的语言、符号或行动来影响更多公众的参与。他们可以一定范围内扮演或事实上成为"网络意见领袖",进而保障公共领域中讨论的持续与深入。在网络公众进行讨论的过程中,虚拟与真实进行了有效对话,并形成了良性的互动,对于现实世界中的各类现象进行了深刻解读,推动了议题或事件的解决。

二、公共领域的传统与现代之辩

公共领域的出现与存在,过去被限定于一定时代背景与场景之中,如果脱离了必要的条件,则被认为是难以延续的。伴随时代与环境的变迁,原本的传统模式与范式正在被现代化、信息化所冲蚀。公共领域开始逐渐在新的环境下实现着自我的嬗变,并以新的面貌示人。对于

---

① Zheng Yongnian, *Technological Empowerment: the Internet, State, and Society in China* (United States: Stanford University Press, 2018). pp.157 - 159.

网络公共领域的存在，有着不同的态度与观点。有人认为，当前网络公共领域已经发展成熟，网络互动平台已经嵌入公众的日常生活，在虚拟空间中创造了一个新的场景，个体通过网络了解获取信息，并进行加工与传播，其一定程度上正在重新调整与塑造社会结构与关系，由于其网络传播具有便捷性、自由化、个性化等特征，网络空间已经成为一个理想的公众意义表达的重要场所，在传统公共领域理论所具备的各类要素，都已经可以在网络中找到，因而其已具备了公共领域的整体图景。①

也有人认为，网络公共领域目前尚未存在。互联网的匿名性、虚拟性大大掩盖了公众自身的真实性，使得公众无法真诚、真实地面对面交流，这一点阻碍了彼此之间的信息交流。同时，在网络公众存在众多的杂音，夹杂了众多非理性的思维与表达方式，这一点违背了传统公共领域理论的初衷。②

对于公共领域存在与否的讨论，实质是对于其判定元素与特征的争辩。鉴于此项调查，从公共领域的关键要素入手，发现了其过往传统与现代的诸多相似与不同。

首先，实践的场所与公众。传统公共领域理论所展现的场所，往往指涉的是文化公共领域，如咖啡馆、沙龙等场所。互联网的出现，使得公众有了新的交流与讨论场所，其本身的虚拟化与延展性，使得公众能突破地域、时间的限制，在更为广阔的空间中的得以实现彼此交互。微博、微信、BBS 等平台，拥有着自身不同的特征，努力契合于不同参与者的需求，进而使得虚拟场所变得更为丰富而多样。因而“新会场”的崛起，颠覆了过去公众参与公共讨论的形式与方法，为其创造了更多便捷性，这也是为何网络公共领域能够卷入较多公众共同参与的重要原因。新会场中公众实践的结果与影响，已不局限于特定的空间或范围之内了，而是蔓延到更为广阔的空间之中，全中国范围，乃至是全球范围。

传统会场中的公众，有着鲜明的角色身份与地位赋予，彼此之间的

① 蔡斯敏：《微博语境下的中国网络公共领域探析》，载《天津行政学院学报》2014 年第 6 期。
② 王贵斌：《移动传播时代的公共舆论生产秩序》，载《现代传播》（中国传媒大学学报）2017 年第 1 期。

集合并非是随性的，而是基于一定的背景条件。由于社会分化所形成的固化社会结构，使得参与公共领域中的公众，往往是处于特定结构层次中的同类群体，其讨论的议题与内容，以及所形成的观点，也更多伴随着相似性。而在网络公共领域中，公众的构成显得更为丰富与多样。在数量方面，由于摆脱了集会场地的限制，其参与公众远远多于传统公共领域的公众数量。在年龄方面，也有着较大的差异，所以能够引入不同年龄群体的多元意见与看法。在职业与阶层方面，有工人、农民、白领、金领、私营主等，打破了对身份背景的限制，各类意见与观点也显得更为全面而完整。从各个维度来看，网络公共领域中的公众，有了平等参与公共讨论与意义表达的平等机会，这是对于过往单一性的补充与完善，使得公共域中的活动能够较好地反映社会整体的意见与态度。

其次，思维的嵌入。传统公共领域中的讨论与沟通，凭借的是理性的批判思维。彼此之间的沟通，受着面对面、身份等方面约束，从而变得更为拘谨。同时，对于公共事务与事件的评议，往往是透过本质与肌理所进行的，内蕴着浓厚的批判性色彩。而在网络公共领域中，公众对于某类公共议题或事件的讨论，在起初常常是非理性的，其夹杂着非理性的思维与行动，但是随着碎片化意见的逐步集中，进而会过度到理性的思考，期间会历经一个非理性向理性思维的转换过程。可见，贯穿于传统公共领域中的理性思维，到了网络公共领域之中发生了位移，其呈现出“非理性-理性”的演进，但是其本质上而言，还是以理性批判为主线的。

再次，舆论的形成。传统公共领域中，舆论的形成是公众讨论的结果，并能在一定范围内进行传播。而搁置于网络空间之中，舆论的形成相较于过往有了较大的突破，其拥有了高速度、强威力与广范围，从而对于议题或事件第一时间形成公共舆论，赢得话语权，这样由私人领域延伸至政治领域，从而影响公共权力机关，最终使其理性地接受这些具有说服力的论证，使其话语权更具有合法性，网络媒介已经不知不觉中成长为舆论发源地。网络公共领域中的公众在公共事件的沟通与交流上有着足够的自由权利，较少由政府冠名，因而每个非强制进入网络公共领域的公众都可以随性地发表自己的意见。同时，公众在网络公共领域中的言论不会因其现实生活里的不同身份而遭差异化对待。尽管公众对于某些议题或事件有着不同的观点与态度，有时会分化为两派，但通过彼此之间的充分讨论，一般情况下可以基本达成共识，这一共识这是公共舆论的真实呈现。①

最后，公私边界的突围。哈氏公共领域理论地核心之处，则是公私二元之间的独立空间，它以第三类存在形式而出现，并得以延续与发展。当前网络化环境下，诸如微博、微信等平台，本身就兼备"公""私"性，作为信息发布与传递系统，微博平台上的公众拥有决定发布内容的完全自主权，私信、收藏等功能也为公众提供了私人个性化服务。公众在微博上的各类行动表达，许多都会涉及个人化的信息与行为，例如自拍照、饮食、旅游景点、对于某类事件的观点主张等。这一些可以是归属于私人的空间与行为，但是在其一旦公开于敞开的空间时，有时则被赋予了公共性，从而其属性也开始发生变化。在网络公共领域中，公领域与私领域并非是割据的，而是相互影响与转化的，它不同于传统公共领域中的第三空间概念，而是公私两者的共同糅合而成的特殊空间。

纵观公共领域关键性要素的传统与现代比较，其正在发生着变化，有对于传统的延续，也有着对于传统的颠覆，从而构建了公共领域在网络媒介中新的实践图像。

第二节　网络公共领域的未来实践

一、中国网络公共领域的特质与发展前景

过去对于公共领域的探讨主要集中于其政治领域，其自身的存在与发展对于政治民主化历程将起到至关重要的作用。当前，网络公共领域尚处于发展阶段，其存在着诸多不成熟与不完善之处，但其有着不少可借鉴之处。互联网为中国的社会进步提供了参与渠道。

① 范燕宁、赵伟：《中国网络公共领域的两面性及网络秩序的合理构建——兼谈哈贝马斯公共领域理论的当代启示》，载《湖南社会科学》2014年第6期，第39页。

网络公共领域表现出了强烈的关怀感，与现实政治过程相互呼应。互联网提供了不同于以往的新型社交方式，将人类的互动提升至一个新的高度，它不是对于过往的取代，而是对于现实生活的提升，是对于现实生活的真实写照，表现出明显的互动性。网络公共领域展现了公众通过现代技术实现参与的愿景，其本身在较大程度是对于现实问题的关怀，特别是对于一些敏感议题与事件。正是由于网络公共领域对于实现民主政治的实际影响，推动了广大网络公众的参与热情。

网络公共领域具有一定的独立性，是介于政府与私人之间的中间地带，这种独立的空间条件，将对中国社会的未来发展起到重要的推动作用。就网络公共领域的未来实践，将会有着以下几方面预期与期盼。

首先，中国网络公共领域的独立性将会得到进一步增强。美国学者泰自学(Tai Zixue)认为："从互联网产生之时起，它就被视为改变现存社会关系和培养全新社会关系的一种革变性力量。互联网作为一类去中心化的人际交互平台，把握其本质需要从全新的视角认识网络空间的新功能。"[①]从中国网络公共领域的状况来看，它打破了舆论一致性，开始融入更多不同的声音，对各类议题或公共事件都能进行监督与评议。

其次，中国网络公共领域走向于理性与成熟。当前，中国网络空间的规范依然有待法律制约、道德规范的进一步完善，虚拟空间中容易产生群体极化，网络舆论形成过程中出现"沉默的螺旋"现象，公共领域的生命力在于它可以作为一个具有批判性与理性的公共话语场景。印度学者甘德霍克提出："只要参与者满意于理性为主宰，并非只要参与者不认为要使用武力或其他形式的暴力来达成目的，公共领域更够作为理性交流的协商之地。"[②]网络公共领域能够通过充分的讨论和批判，树立起理性、开放、宽容的精神。杨晓娟认为："网络批判经过初期的发

---

① Tai Zixue, *The Internet in China: Cyberspace and Civil Society* (New York: Routlegdes, 2016), p.215.

② Neera Chandhoke, *Exploring Mythology of the Public Sphere in Rajeev Bhargava Helmut Reifeld. Civil Society, Public Sphere and Citizenship: Dialogues and Perception* (UK: SAGE Publication, 2015), p.327.

育之后，正在日趋理性。网络本身的分散、去中心化机构限制了网络公共领域纵深方向发展。"[①]通过一定的手段与方式，中国网络公共领域必然会走向于不断理性与成熟。

最后，公共领域会在政治场域内发挥出重要的作用。杨仁忠认为："公共领域最为核心的含义，是独立于国家政治权力并介于国家与社会之间的公共交往与舆论，它既是监督制约国家政治权力，同时又为政治权威提供合理性基础。"当前我国政治发展的动力进一步增强，互联网的出现则对其产生着推动作用。郑永年在谈及互联网与中国政治发展时提出；"信息技术、特别是互联网，对社会与国家是有效的工具，它是组织集体行动的手段；对国家，它是限制和控制部分社会网络行为的工具。基于网络公共领域的国家与社会互动使两者之间发生了变化，并提供了政治变革的动力。"网络公共领域的发展成为公众参与提供了十分便捷的渠道，提升了广大公众的参与热情，提升了公众的政治化过程，培养了广大公民政治参与的主动性，并有利于促进政治文化由传统的向现代参与型政治文化的转型。同时，网络公共领域的兴起与发展对于塑造公民的政治信仰和政治意识国家与社会的关系，推动政治体制改革，增强中国政府管理与公共政策决策过程的透明度，会起到一定的助推作用。

二、有待进一步研究的旨向

网络媒介下的公共领域新实践，有其自身的独特性，是对于原本传统公共领域的突破与延展，更是对经典的公共领域理论提出了挑战。在新的时代背景下，公共领域开始形成自身的位移，在其不断提升与完善的过程中，其依然存在着许多可改进之处。诸如网络世界公共与私人领域的相互侵占，使得私人与公共领域的界限变得模糊；权威性信息的垄断性造成客观信息壁垒，使公众的意义表达受阻；网络公众的非理性与理性思维的相互夹杂，致使公众行为逻辑飘忽不定。

这一系列的问题，都是未来研究中值得关注与解决的关键点。它们是伴随着网络公共领域共同出现的，有一些是可以预期的，有一些则

① 杨晓娟：《略论网络公共领域的重构》，载《东南传播》2009年第6期，第124-125页。

是未预期的后果。对于诸类现象与结果的把握，还需回归于对于网络公共领域本质与肌理的研究，探究其不断演变与发展的规律，只有这样才能从根源出发，去更好地推动与契合其本身的发展需要，也更有利于运用网络公共领域这一新场景，服务于社会的整体发展，其有着深远的意义。

参 考 文 献

专著

[1] 卡斯特.网络社会的崛起[M].夏铸九等,译.北京:社会科学文献出版社,2006.

[2] 李佃来.公共领域与生活世界——哈贝马斯市民社会理论研究[M].北京:人民出版社,2019.

[3] 麦克卢汉.理解媒介:论人的延伸[M].何道宽,译.北京:商务印刷社,2019.

[4] 阿尔温·托夫勒.创造一个新的文明:第三次浪潮的政治[M].陈峰,译.上海:上海三联书店,1996.

[5] 马克·斯劳卡.大冲突:赛博空间和高科技对现实的威胁[M].汪明杰,译.南昌:江西教育出版社,1999.

[6] 曼纽尔·卡斯特.认同的力量[M].曹荣湘,译.北京:社会科学出版社,2016.

[7] 鲍德里亚.消费社会[M].刘成富,译.南京:南京大学出版社,2014.

[8] 杨仁忠.公共领域论[M].北京:人民出版社,2019.

[9] 哈贝马斯.公共领域的结构转型[M].上海:学林出版社,1999 年.

[10] 黄少华.网络社会学的基本议题[M].杭州:浙江大学出版社,2013.

[11] 童星.网络与社会交往[M].贵阳:贵州人民出版社,2002.

[12] 胡泳.众声喧哗:网络时代的个人表达与公共讨论[M].桂林:广西师范大学出版社,2013.

[13] 陈红梅.互联网上的公众表达[M].上海:复旦大学出版社,2014.

[14] 陈向明.质的研究方法与社会科学研究[M].北京:教育科学出版社,2017.

[15] 曹卫东.权力的他者[M].上海:上海教育出版社,2004.

[16] 亚里士多德.政治学[M].吴寿彭,译.北京:商务印书馆,1965.

[17] 杨仁忠.公共领域理论与和谐社会构建[M].北京:社会科学文献出版社,2013.

[18] 萨拜因.政治学说史(上册)[M].盛葵阳,译.北京:商务印书馆,1986.

[19] 王新生.市民社会论[M].南宁:广西人民出版社,2003.

[20] 博伊德-巴雷特,纽博尔德.媒介研究的进路:经典文献读本[M].汪凯,刘晓红,译.北京:新华出版社,2004.

[21] 董小燕.西方文明:精神与制度的变迁[M].上海:学林出版社,2013.

[22] 米诺格.当代学术入门:政治学[M].龚人,译.沈阳:辽宁教育出版社,1998.

[23] 韦尔南.希腊思想的起源[M].秦海鹰,译,上海：生活・读书・新知三联书店,1996.
[24] 汪晖,陈燕谷.文化与公共性[M].上海：生活・读书・新知三联书店,2015.
[25] 伯恩斯.世界文明史[M].罗经国,译.北京：商务印书馆,1987 年.
[26] 雅斯贝斯.历史的起源与目标[M].魏楚雄,俞新天,译.北京：华夏出版社,1989.
[27] 北京大学哲学系外国哲学教研室.古希腊罗马哲学[M].上海：三联书店,1957.
[28] 哈贝马斯.合法化危机[M].刘北成、曹卫东,译.上海：上海人民出版社,2000.
[29] 汤普逊.欧洲晚期中世纪经济社会史[M].徐家玲,译.北京：商务印书馆,1992.
[30] 伯尔曼.法律与革命：西方法律传统的形成[M].贺卫方,译.北京：中国大百科全书出版社,1993.
[31] 施密特编.启蒙运动与现代性——18 世纪与 20 世纪的对话[M].徐向东,卢华萍译.上海：上海人民出版社,2005.
[32] 康德.历史理性批判文集[M].何兆武,译.北京：商务印书馆,2005.
[33] 阿伦特.人的条件[M].竺乾威,译.上海：上海人民出版社,1999.
[34] 阿伦特.极权主义的起源[M].林骧华,译.台北：台北时报文化出版社,1995.
[35] 汉森.历史、政治与公民权：阿伦特传[M].刘佳林,译.南京：江苏人民出版社,2004.
[36] 哈贝马斯.在事实与规范之间——关于法律与民主法治国家的商谈理论[M].童世骏,译.上海：生活・读书・新知三联书店,2013.
[37] 哈贝马斯.哈贝马斯在华讲演集[M].中国社会科学院哲学所,译.北京：人民出版社,2012.
[38] 尼葛洛庞帝.数字化生存[M].胡泳,译.海口：海南出版社,1997.
[39] 哈贝马斯.现代性的哲学话语[M].曹卫东,译.上海：译林出版社,2004.
[40] 哈贝马斯.重建历史唯物主义[M].郭官义,译.北京：社会科学出版社,2000.
[41] 哈贝马斯.后民族结构[M].曹卫东,译.上海：上海人民出版社,2002.
[42] 哈贝马斯.哈贝马斯精粹[M].曹卫东,译.南京：南京大学出版社,2005.
[43] 哈贝马斯.公共领域的结构转型[M].曹卫东,译.上海：学林出版社,1999.
[44] 古斯塔夫・勒庞著.乌合之众[M].吴松林,译.北京：中国文史出版社,2013.
[45] 安德森.想象的共同体：民族主义的起源与散布[M].吴叡人,译.上海：上海人民出版社,2005.
[46] 米德.心灵、自我与社会[M].赵月瑟,译.上海：上海译文出版社,2018.
[47] 许纪霖.公共空间中的知识分子[M].南京：江苏人民出版社,2007.
[48] 泰勒.自我的根源：现代认同的形成[M].韩震,译.上海：译林出版社,2011.
[49] 泰勒.现代性之隐忧[M].程炼,译.北京：中央编译出版社,2001.
[50] 梅勒.理解社会[M].赵亮员,译.北京：北京大学出版社,2019.

[51] 托夫勒.权力的转移[M].刘红，译.北京：中共中央党校出版社，1991.
[52] 乔伊森.网络行为心理学[M].任衍具，译.北京：商务印书馆，2010.
[53] 吉登斯.现代性的后果[M].田禾，译.上海：译林出版社，2010.
[54] 吉登斯.失控的世界—全球化如何重塑我们的生活[M].周红云，译.南昌：江西人民出版社，2019.
[55] 卡西尔.人论[M].甘阳，译.北京：西苑出版社，2003.
[56] 欧文·戈夫曼.日常生活中的自我呈现[M].黄爱华，冯钢，译.杭州：浙江人民出版社，1989.
[57] 凡勃伦.有闲阶级论[M].甘平，译.武汉：武汉大学出版社，2014.
[58] 布迪厄.实践感[M].蒋梓骅，译.上海：译林出版社，2012.
[59] 韦伯.经济与社会[M].阎克文，译.上海：上海人民出版社，2010.
[60] 齐美尔.货币哲学[M].陈戎女，译.北京：华夏出版社，2017.
[61] 福柯.规训与惩罚[M].刘北成，译.北京：三联书店，2012.
[62] 斯各特拉什.信息批判[M].杨德睿，译.北京：北京大学出版社，2009.
[63] 查德威克.互联网政治学：国家、公民与新传播技术[M].任孟山，译.北京：华夏出版社，2010.
[64] 卡斯特.网络社会：跨文化的视角[M].周凯，译.北京：社会科学文献出版社，2015.
[65] 诺依曼.沉默的螺旋[M].董璐，译.北京：北京大学出版社，2013.
[66] 戈夫曼.日常接触[M].丁晖，译.北京：华夏出版社，1990.
[67] 康德.康德著作全集[M].李秋零，译.北京：中国人民大学出版社，2010.
[68] 帕特南.使民主运转起来[M].王列，赖海榕，译.北京：中国人民大学出版社，2015.
[69] 师曾志，杨伯溆.网络媒介事件与中国公民性的构建[M].北京：北京大学出版社，2017.
[70] 郭玉锦、王欢.网络公共领域建构研究[M].北京：北京邮电大学出版社，2015.
[71] 赵春丽.网络民主发展研究[M].北京：经济科学出版社，2011.
[72] 胡泳.网络政治：当代中国社会与媒体的行动选择[M].北京：国家行政学院，2014.
[73] 福柯.规训与惩罚[M].刘北成，译.上海：生活·读书·新知三联书店，2007.
[74] 孙立中.西方社会学名著提要[M].南昌：江西人民出版社，2007.
[75] 文军.西方社会学理论[M].上海：上海人民出版社，2006.
[76] 科塞.社会冲突的功能[M].孙立平，译.北京：华夏出版社，1989.
[77] 卡拉.浅薄[M].刘纯毅，译.北京：中信出版社，2010.
[78] 克莱·舍基.未来是湿的[M].胡泳，等译.北京：中国人民大学出版社，2019.
[79] 复旦大学历史系.近代中国的国家形象与国家认同[M].上海：上海古籍出版社，2013.
[80] 林立树.现代思潮：西方文化研究之道路[M].北京：中央编译出版社，2014.

[81] 鲍曼.个体化社会[M].范祥涛,译.上海：上海三联书店,2002.
[82] 布朗.自我[M].陈浩莺,译.北京：人民邮电出版社,2014.
[83] 中国互联网信息中心.第48次中国互联网发展状况统计报告[R].中国互联网信息中心,2021-8-14.
[83] 中国互联网信息中心.第47次中国互联网发展状况统计报告[R].中国互联网信息中心,2021-2-10

期刊

[1] 刘学民.网络公民社会的崛起——中国公民社会发展的新生力量[J].政治学研究,2010(04)：83-90.
[2] 郭玉锦,王欢.网上公共领域[J].北京邮电大学学报：社会科学版,2005(03)：4-7+16.
[3] 熊光清.网络公共领域的兴起与话语民主的新发展[J].中国人民大学学报,2014,28(05)：88-96.
[4] 徐敬宏,王欢.我国网上公共领域的特点研究[J].情报理论与实践,2019,32(09)：44-47.
[5] 许鑫.刍论互联网之于公共领域的意义[J].理论导刊,2012(05)：51-54.
[6] 周志平.近年网络公共领域研究述评[J].广东行政学院学报,2010,22(06)：44-47.
[7] 李哲,邢知博.网络时政论坛离公共领域有多远？[J].法制与社会,2007(03)：730-731.
[8] 姚红彦.网络论坛的勃兴——公共领域的新契机？[J].大众文艺,2010(02)：97.
[9] 彭晶晶.网络传媒——公共领域再次转型的契机[J].安康师专学报,2015(01)：31-34.
[10] 王欢,郭玉锦.网络公共领域的功能与局限性[J].理论前沿,2009(20)：43-44.
[11] 刘京,陈旭玲.网络技术与公共领域的衍生问题[J].江汉论坛,2003(11)：46-48.
[12] 刘丹鹤.网络空间与公共领域实践[J].北京理工大学学报(社会科学版),2007(04)：71-74.
[13] 石成城.数字技术对公共领域和个人领域定义的影响[J].青年记者,2017(15)：33-34.
[14] 苟燕华,郑哲.从“卖身救母”事件看网络公共领域的兴起[J].东南传播,2017(03)：43-45.
[15] 戚攻.“虚拟社会”与社会学[J].社会,2001(02)：31-33.
[16] 申建林,邱雨.重构还是解构——关于网络空间公共领域命运的争议[J].武汉大学学报：哲学社会科学版,2020,73(05)：146-154.

[17] 杨嵘均,吴悠.论网络虚拟公共领域去意识形态化的风险及其调适[J].毛泽东邓小平理论研究,2020(05): 8-15+108.
[18] 邱雨,申建林.公共领域的异化及其在网络空间中的回归[J].湖北社会科学,2017(11).
[19] 苏涛.缺席的在场: 网络社会运动的时空逻辑[J].当代传播,2013(01): 23-26.
[20] 张殿元.技术·权力·结构: 网络新媒体时代公共领域的嬗变[J].中国地质大学学报: 社会科学版,2017,17(06): 138-144.
[21] 王志永,张英.网络公共领域的话语权及其归属分析[J].东南传播,2010(01): 19-21.
[22] 王凌,肖婕芳.网络公共领域话语建构的道德困境与对策[J].宁夏社会科学,2017(05): 242-246.
[23] 梁鸿飞.网络公共领域的社会治理功能及其困境解析——基于民主、反腐、自治三个维度的考察[J].湖南农业大学学报: 社会科学版,2015,16(06): 72-78.
[24] 万新娜.网络媒体语境下公共领域之幻象——公共领域媒体实践的批判[J].中国广播电视学刊,2015(09): 59-61.
[25] 张翠.论哈贝马斯公共领域的民主意蕴[J].学术论坛,2008(01): 45-48.
[26] 张寻远.以法治化思维推动网络公共领域治理[J].人民论坛,2020(15): 236-237.
[27] 黄月琴.公共领域的观念嬗变与大众传媒的公共性——评阿伦特、哈贝马斯与泰勒的公共领域思想[J].新闻与传播评论,2008(00): 111-119+252+260.
[28] 宁乐锋.查尔斯·泰勒的社群主义整体本体论评析——基于语言共同体的视角[J].云南农业大学学报(社会科学版),2010,4(06): 19-24.
[29] 董天策,梁辰曦.究竟是“网络群体性事件”还是“网络公共事件”抑或其他?——关于“网络舆论聚集”研究的再思考[J].新闻与传播研究,2020,27(01): 87-102+128.
[30] 余梦月.构建网络公共领域新秩序[J].人民论坛,2019(20): 122-123.
[31] 刘少杰.网络化时代的社会空间分化与冲突[J].社会学评论,2013,1(01): 66-74.
[32] 刘少杰.网络化时代的社会结构变迁[J].学术月刊,2012,44(10): 14-23.
[33] 邓海林.新时代网络空间治理及其文化秩序建构[J].江海学刊,2019(03): 234-239.
[34] 郑雯,桂勇.网络舆情不等于网络民意——基于“中国网络社会心态调查(2014)”的思考[J].新闻记者,2014(12): 10-15.
[35] 彭立群.论广义公共领域的内涵、类型和价值——对哈贝马斯公共领域概念进行扩展的一种尝试[J].学术界,2018(04): 126-134.

[36] 刘大志,郁建兴.网络理性何以可能?——对“超大”论坛的案例研究[J].浙江社会科学,2011(04):34-40+156.
[37] 邹新,贺祥林.网络公共讨论中网络理性的缺失与构建[J].理论月刊,2015(03):174-178.
[38] 艾玲.重塑意见领袖,优化网络公共领域——社交化媒介时代的网络舆论机制研究[J].出版广角,2019(05):71-73.
[38] 朱媛媛.如何有效治理网络公共领域[J].人民论坛,2018(23):72-73.
[39] 秦彤.从“范美忠事件”看网络集体行动[J].法制与社会,2008(34):213+215.
[40] 熊琦.被置换的政治主体与微博政治——微博内的广东“乌坎事件”[J].新闻大学,2013(05):45-53.
[41] 贺雪峰,郭俊霞.试论农村自杀的类型与逻辑[J].华中科技大学学报(社会科学版),2012,26(04):108-116.
[42] 王志红,黄志斌.我国网络公共领域三大话语权及其价值整合[J].江汉论坛,2018(02):5-10.
[43] 孙飞显,程世辉,倪天林,靳晓婷.基于新浪微博的负面网络舆情监测研究——针对政府的负面网络舆情研究系列之一[J].情报杂志,2015,34(04):81-84+115.
[44] 宋美琦,陈烨,张瑞.用户画像研究述评[J].情报科学,2019,37(04):171-177.
[45] 余文伟,朱虹,胡小丽,肖春曲.虚拟品牌社区中的品牌价值共创研究述评与展望[J].软科学,2020,34(07):55-59.
[46] 朱良杰,何佳讯,黄海洋.数字世界的价值共创:构念、主题与研究展望[J].经济管理,2017,39(01):195-208.
[47] 焦娟妮,范钧.顾客——企业社会价值共创研究述评与展望[J].外国经济与管理,2019,41(02):72-83.
[48] 杜华勇,滕颖,王汝平.电商交易平台价值共创组态研究:一项模糊集定性比较分析[J].社会科学家,2020(12):76-81.
[49] 裴学亮,邓辉梅.基于淘宝直播的电子商务平台直播电商价值共创行为过程研究[J].管理学报,2020,17(11):1632-1641+1696.
[50] 张燚,李冰鑫,刘进平.网络环境下顾客参与品牌价值共创模式与机制研究——以小米手机为例[J].北京工商大学学报(社会科学版),2017,32(01):61-72.
[51] 党雷.微博环境下公共领域的建构与规范[J].青海社会科学,2012(01):88-93.
[52] 田钦.网络公共领域的新特征[J].福建论坛(人文社会科学版),2010(02):102-104.
[53] 周雪怡.公共领域理论的微博应用[J].青年记者,2011(24):42-43.
[54] 熊光清.中国网络公共领域的兴起、特征与前景[J].教学与研究,2011(01):

42 - 47.

[55] 蔡斯敏.微博语境下的中国网络公共领域探析[J].天津行政学院报,2014,16(06):92 - 97.

[56] 王贵斌.移动传播时代的公共舆论生产秩序[J].现代传播,2017,39(01):138 - 144.

[57] 范燕宁,赵伟.中国网络公共领域的两面性及网络秩序的合理构建——兼谈哈贝马斯公共领域理论的当代启示[J].湖南社会科学,2014(06):36 - 41.

[58] 杨晓娟.略论网络公共领域的重构[J].东南传播,2009(06):71 - 72.

[59] 刘彦伯.浅析微博与公共领域之间的关系——以"微博打拐"为例分析[J].新闻传播,2011(03):97.

[60] 张倩倩.网络舆论下的公共领域前景透视——以"李刚门"事件为个案研究[J].新闻世界,2011(01):74 - 75.

[61] 韩峰,高红超.微博传播与网络公共领域建构——以"随手拍照解救乞讨儿童"为例[J].新闻世界,2012(04):102 - 103.

[62] 郭玉锦.网络公共领域中的网络舆论与网络公众舆论[J].北京邮电大学学报(社会科学版),2010,12(06):1 - 6+16.

[64] 杨嵘均.论虚拟公共领域对公民政治意识与政治心理的影响及其对政治生活的形塑[J].政治学研究,2011(04):101 - 113.

[65] 张小丽.对网络公共领域危机的思考——从"艳照"事件看网络公共领域公共性的缺失[J].理论界,2012(04):164 - 165.

外文

[1] HANNAH ARENDT. *The Human Condition*[M]. 2rd ed. Chicago: The University of Chicago Press, 1998.

[2] JURGEN HABERMAS. *The Structural Transformation of the Public Sphere*[M]. Cambridge: Polity Press, 1989.

[3] WINNER L. "*Do Artifacts Have Politics?*" *In Kraft, M.E., and Vig, N.J. (eds.), Technology and Politics*. UK: Duke University Press, 1997.

[4] PETER DAGHLGREN. *The Internet Public Sphere and Political Communication Dispersion and Deliberation*[J]. Political Communication, 2005(22): 147 - 162.

[5] LINCOLN DAGLBERG. *The Internet and Democratic Discourse: Exploring the Prospects of Online Deliberative Forums Extending the Public Sphere Information*[J]. Communication and Socirty, 2019(4): 615.

[6] LINCOLN DAGLBERG. *Net-public Sphere Research: Beyond the First Phase*[J]. The Public, 2004(1): 36

[7] AFIFE AKIN. *Social Movement on the Internet: the Effect and Use of Cyberactivism in Turkish Amercian Reconciliation*[J]. Canadian Social Science,

2020(2): 39.

[8] MICHAEL XENOS. *New Mediated Deliberation: Blog and Press* [J]. Journal of Computer-Mediated Communication, 2018 (NoI3): 485 - 503.

[9] SEYLA BENHABIB. *Model of Public Space: Hannah Arendt, the Liberal Tradition, and Jurgen Haberms, Habermas and the Public Sphere, Edited by Craig Calhoun, Cambridge, Massachusetts, and London*[M]. England: The MIT Press, 1992.

[10] DERMOT MORAN. *Introduction to Phenomenology*[M]. London & New York: Routledge, 2000.

[11] KEITH MICHAEL BAKER. *Define the Public Sphere in Eighteenth-century France: Variatons on a Theme by Habermas Habermas and the Public Sphere*[M]. England: The MIT Press, 1992.

[12] LANDERS. *Women and the Public Sphere, Condorcet, on the Admission of Women to the Right of Citizenship*[M]. London: Macmillan Pub Co, 1976.

[13] CHARLES TAYLOR. *A Secular Age, Cambridge, Massachusetts, and London*[M]. England: The Belknap Press of Harvard University Press, 2007.

[14] CHARLES TAYLOR. *The Politics of Recognition*[M]. United Kingdom: Princeton University Press, 1994.

[15] CHARLES TAYLOR. *The Ethics of Authenticity*[M]. England: Harvard University Press, 1996.

[16] THOMPSON. *Political Scandal: Power and Visilolity in the Media Age* [M]. Cambridge: Polity, 2000.

[17] DAHLGREN P. *The Internet and the Democratization of Culture Political Communication*[J]. 2020, 17(4): 335 - 340.

[18] HABERMAS. *The Strucural Transformation of the Public Sphere* [M]. Cambridge: MIT Press, 1989.

[19] HABERMAS. *Furture Reflection on the Public Sphere* [M]. Cambridge: MIT Press, 1992.

[20] THOMPSON. *Ideology and Modern Culture: Critical Theory in the Era of Mass Communication*[M]. Cambridge: Political Press, 1990.

[21] CONNERY. IMHO: *Authority and Egaliarian in the Virtual Coffee House* [M]. London: Routledge, 1997.

[22] RHEINGOLD. Howard, *Virtual Community*[M]. London: Vintage, 1993.

[23] GOODE. LUKE, JYRGEN HARBERMAS. *Democracy and the Public Sphere* [M]. MI: Pluto Press, 2005.

[24] POSTER MARK. *What Is the Matter With the Internet?* [M]. MN: University of Minnesota Press, 2001.

[25] LUNENFELD. *Snap to Grid: A User Guide to Digital Arts, Media and*

Culture[M]. MA: MIT Press, 2000.
[26] GARNHAM. *The Media and the Public Sphere in Habermas and the Public Sphere*[M]. MA: MIT Press, 1992.
[27] PATRICIA. *The Psychology of the Internet*[M]. Cambridge: Cambridge University Press, 2018.
[28] KAYE, BARBARA K. *Blog Use Motivation: An Explanatory Study, in Mark Tremayne, Blogging, Citizenship and the Furture of Media*[M]. New York: Routlege, 2017.
[29] CHARLES TAYLOR. *Modern Social Imaginaries*[M]. Durham: Duke University Press, 2004.
[30] ZHENG YONGNIAN. *Technological Empowerment: the Internet, State, and Society in China*[M]. Stanford: Stanford University Press, 2018.
[31] TAI ZIXUE. *The Internet in China: Cyberspace and Civil Society*[M]. New York: Routlegdes, 2016.
[32] NEERA CHANDHOKE. *Exploring Mythology of the Public Sphere in Rajeev Bhargava Helmut Reifeld. Civil Society, Public Sphere and Citizenship: Dialogues and Perception New Delli*[M]. UK: SAGE Publication. 2015.
[33] PRAHALAD C K, RAMASWAMY V. *Co-Creation Experiences: the Next Practice in Value Creation*[J]. Jorunal of Interactive Marketing, 2004(3): 231-234.
[34] PAYNE A F, STORBACKA K, FROW P. *Managging the Co-creation of Value*[J]. Journal of the Academy of Marketing Science, 2008(1): 123-142.
[35] BARRETT M, DAVIDSON E, PRABHU J. et al. *Service Innovation in the Digital Age: Key Contribution and Future Direction*[J]. MIS Quartrly, 2015(1): 98-103.
[36] SINGARA JU, NGUYEN QAAN. *Social Media and Value Co-creation in Multi-stakeholder Systems: A Resource Intergration Approach*[J]. Industrial Marketing Management, 2016(3): 212-221.
[37] STRAUSS A, CORBIN J. *Grounded Theory Methodology: An Overview*[M]. Los Angeles: Sage Publications, 1994(3): 17-23.

其他类

[1] 娄成武、张雷:"质疑网络民主的现实性",2004 年 6 月 11 日,宪政行政法法律网:[EB/OL] http://www.cncasky.com/get/lltt/fxlw/000736944_4.htm
[2] 微博数据中心:《2020 年微博用户发展报告》,[EB/OL][EB/OL] http://www.199it.com/archives/1217783.html.2021 年 3 月 19 日.
[3] 法制网:《山东招远女子被围殴致死舆情研究》[EB/OL] http://blog.sina.com.cn/s/blog_beea2fa50101k4f9.html.

[4] 人民网:《招远 5.28 故意杀人案舆情分析》[EB/OL] http://yuqing.people.com.cn/n/2014/0610/c210114-25129414.html,2014-06-10

[5] 人民网舆情数据中心,《2020 年政务微博影响力报告》[EB/OL] https://weibo.com/ttarticle/p/show?id=2309404597347723117051,2021 年 1 月 25 日

[6] 西安晚报:《妈妈上厕所误车孩子被拉走,微博 1 小时找到孩子》,2012-1-11,西部网:[EB/OL] http://news.cnwest.com/content/2012-01/11/content_5837235.htm

[7] 河南交通广播:"突发!四川仁寿一男子冲进派出所砍人被击毙,两民警重伤牺牲[EB/OL] https://baijiahao.baidu.com/s?id=1608040587001323683&wfr=spider&for=pc,2018-8-6.

[8] 周桂田,《网际网络上的公共领域——在风险社会下的建构意义》[EB/OL] 公共评论网,http://www.gongfa.com/gonggonglingyuzhuanti.htm,2013-5-29.